U0196168

日本顶级
时装画课
从基础到进阶

著／［日］郑贞子

译／走走

上海文化出版社
SHANGHAI CULTURE PUBLISHING HOUSE

序

INTRODUCTION

把感受到的东西直接描绘出来，在感受尚未消失之前画出来！要有一本无论是初学者还是从业者都能受用的书！我怀揣着这样的初心，写出了这本书。画时尚画，其实就是把自己的想法和想要表达的内容以令人容易理解的方式表达出来。“将眼前的东西如实画下来/如亲眼所见一般描绘/仿佛看到了一般地画下来/把想到的东西画下来”——本书将遵循这些关键词，带领您将自己的想法、灵感都如愿地直接描绘到纸上。

本书由四部分组成：1.引导出灵感的自由表现法；2.基本的人体法则；3.上色法；4.使用数字技术的表现方法。

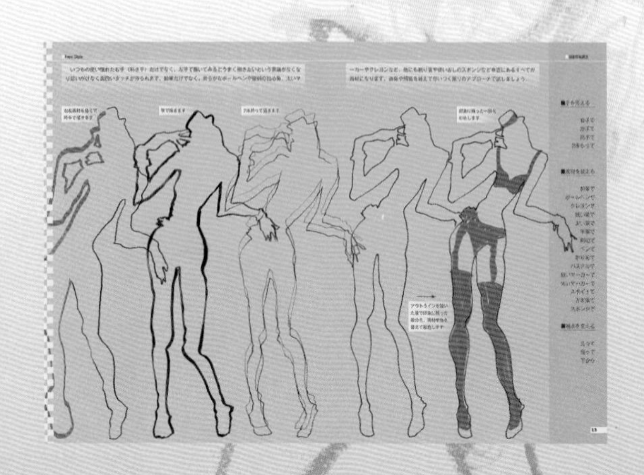

1 自由的表现方法（Free Style）

没办法画得好看？放开束缚，大胆地追求线条，以自由的想法来画。第一次绘画的人或是已经画了很久的人都能有新的发现或是获得灵感。这是一种个性的表现方式。

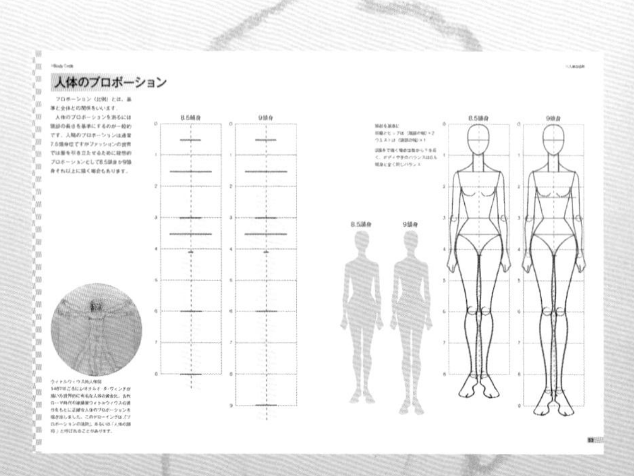

2 人体的法则(Body Code)

夯实支撑灵感的基础，理解作为基本的人体的法则。由○△□这样单纯的形式，谁都能简单地学会取得平衡的方法。

3 上色（Give Coloring）

素材和配色都是决定设计效果的重要因素。在本章就来学习掌握如何通过各种绘画工具来具体地表现。色彩能令图画的世界更生动、宽广。

4 用Photoshop作画（Do Photoshop）

Photoshop作为面向专业人士的图像编辑软件已被广为使用。我们可以将其当作一个绘画工具。本章通过素材的表现、设计图、企划效果图的制作过程来掌握Photoshop的基本操作。

Contents

Body
Code
第2章
人体の法則

ファッションデザイン画において
バランスの取れたプロポーションを描くことは
必ず身に付けておきたい基本的なスキルです。
ときには決められたルールや枠を打ち破り新境地を
開拓するそれがファッションの醍醐味でもあり
デザイナーのスピリッツでもありますが
最終的には服は人間が着てはじめて成り立ちます。
頭の中にあるアイデアを自由に描くためにも
人体の構造とプロポーションをしっかりと
理解しておくことが必要です。
発想を支える基礎を固め、基本のルールである
人体の法則を習得しましょう。

免费视频课
Do Photoshop / 将素材拼贴到设计稿/用“图层样式”增加特殊效果
（视频+学习资料PDF）

第3章

上色 ……98

第4章

用Photoshop作画 ……142

第1章

自由的表现方法

当你面对一张白纸想画出些什么的时候，
总是心怦怦直跳、有点不知所措吧?
不要被“要是画得不好的话……”这种想法束缚，
大胆追随自己想象的轮廓吧。
用自由的想象去画，
有基础的人也好，没有基础的人也罢，
通过意想不到或者有趣的方式，
从而获得新的发现或创意，
这样的完成过程非常有意思，而且很享受。

tyle

I will draw

OutLine

追随轮廓

是不是总觉得自己画画差！不擅长！嫌麻烦！
虽然有这种觉得自己不擅长的感觉，
但是一旦开始追随起轮廓，
转眼间，
就能画出来了。
也许画得不是很好，
但感觉出来了就好！
通过外部的轮廓线，
使用各种各样的绘画工具，
让我们来发现新的自己吧。

追随轮廓线

轮廓线（outline），就是划分空间和立体的线。看着眼前要画的人物、东西等事物，到底从哪里开始画才好，也许会有这样的迷茫吧。从跃入眼帘的信息中，只集中绘制形体的轮廓线，有可能会遇到有趣的线条，或者意外地抓住了其本质，画画这件事的“恐惧感”也消失了。

它可以帮助你快速捕捉到衣服的分量感或人影的轮廓。

一旦开始画了，
手到最后一直追随着
轮廓不放。

摄影师：加藤智惠子　造型师：Izumi Takada
化妆师：江黑美香　模特：松下未奈

用右手画
用左手画
改变左右的画材后
用双手画

不要只使用平时用惯了的右手（惯用手），也试试用左手画，可能你不觉得会画得好，结果出乎意料地，发现了有趣的笔迹。不仅仅使用铅笔，也可以尝试使用光滑的圆珠笔或者能有不同强弱表现的笔，粗粗的马克笔和蜡笔等等。其他像一次性筷子或者用旧的海绵等等身边的一切，都可以当作画材。换换工具和画纸吧，只要能想到的方法，都可以一一尝试。

改变左右的画材后用双手画

用笔画

拿着两支笔画

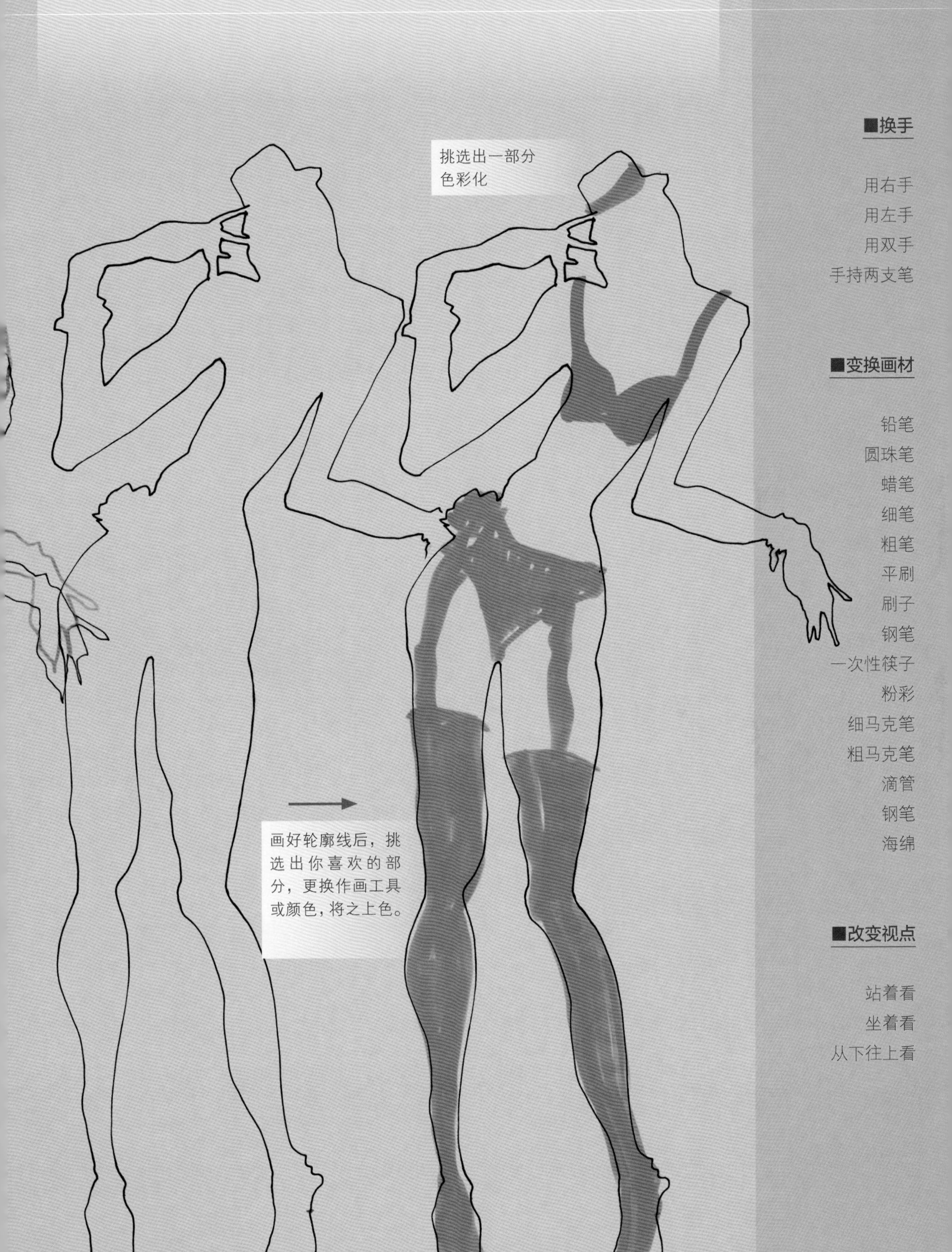

换手

用右手
用左手
用双手
手持两支笔

变换画材

铅笔
圆珠笔
蜡笔
细笔
粗笔
平刷
刷子
钢笔
一次性筷子
粉彩
细马克笔
粗马克笔
滴管
钢笔
海绵

改变视点

站着看
坐着看
从下往上看

因画材而改变的线条

因为画材不同，线条会展示出各种各样的效果。用粉彩笔、彩色铅笔等软的工具绘画时，就会画出温和的柔软的线条；用钢笔或一次性筷子等硬的工具绘画时，就会画出强烈的刚硬的线条。

刷子
一次性筷子
墨汁
画粗线和锐利的线条会很有趣的可乐笔
彩色铅笔
圆形钢笔
剪去笔尖的笔
软笔

用拿笔的方法来改变线条

线条会因为手拿的位置和角度、用力的方式、手握的方法不同，而产生从轻柔的笔触到强有力的笔触等各种各样的质感。

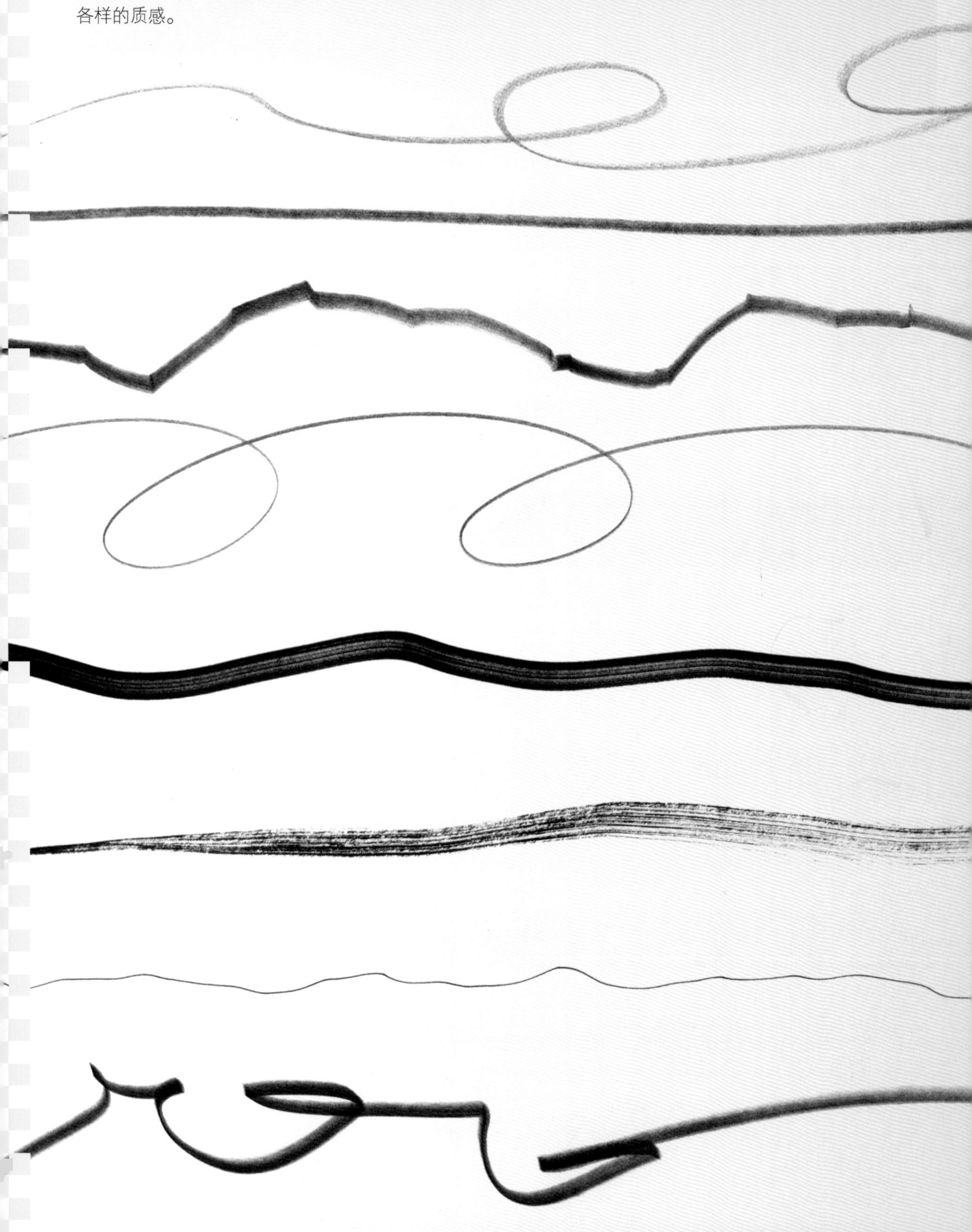

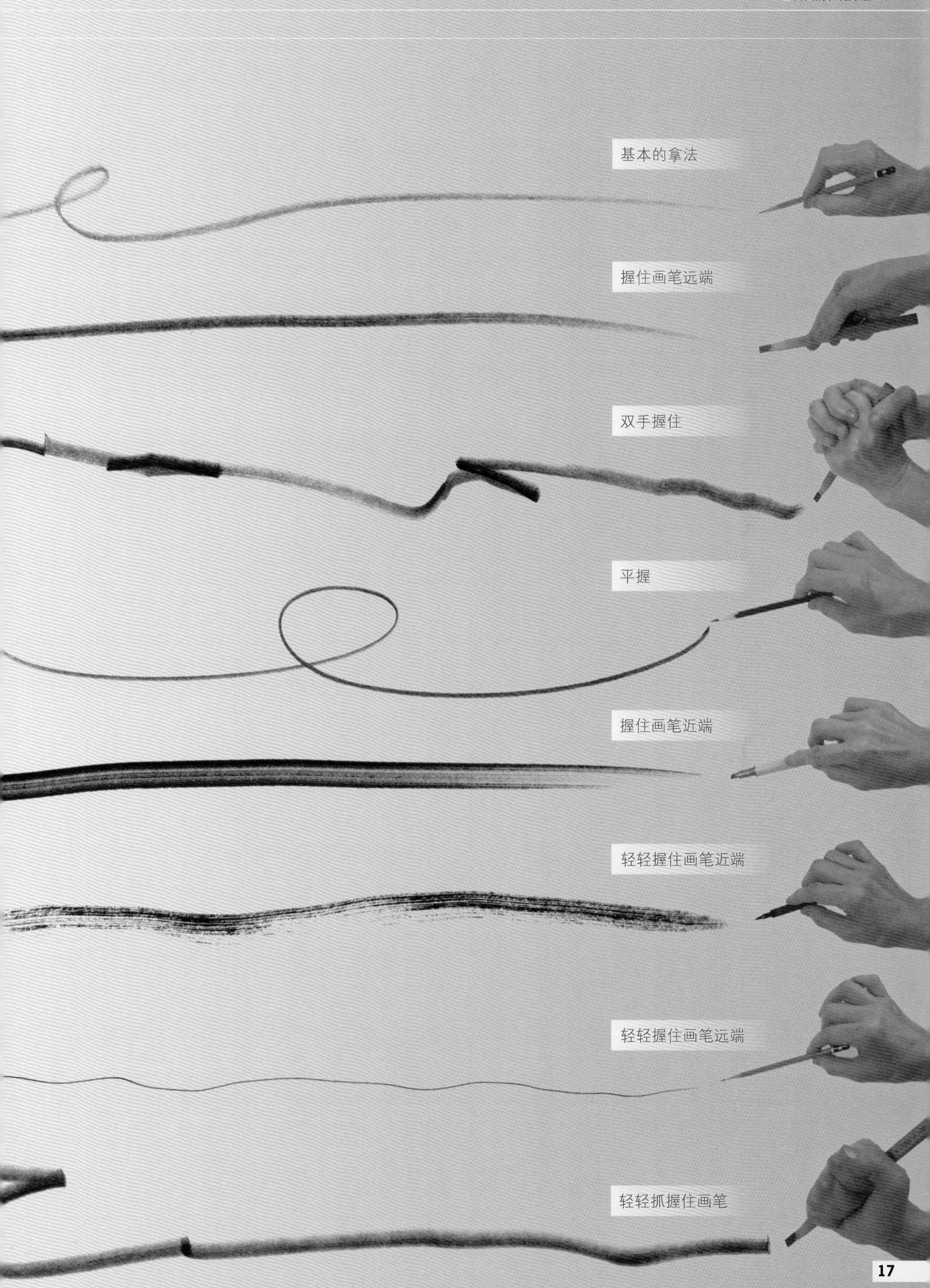

基本的拿法
握住画笔远端
双手握住
平握
握住画笔近端
轻轻握住画笔近端
轻轻握住画笔远端
轻轻抓握住画笔

示例.1

粗线、细线、硬线、软线

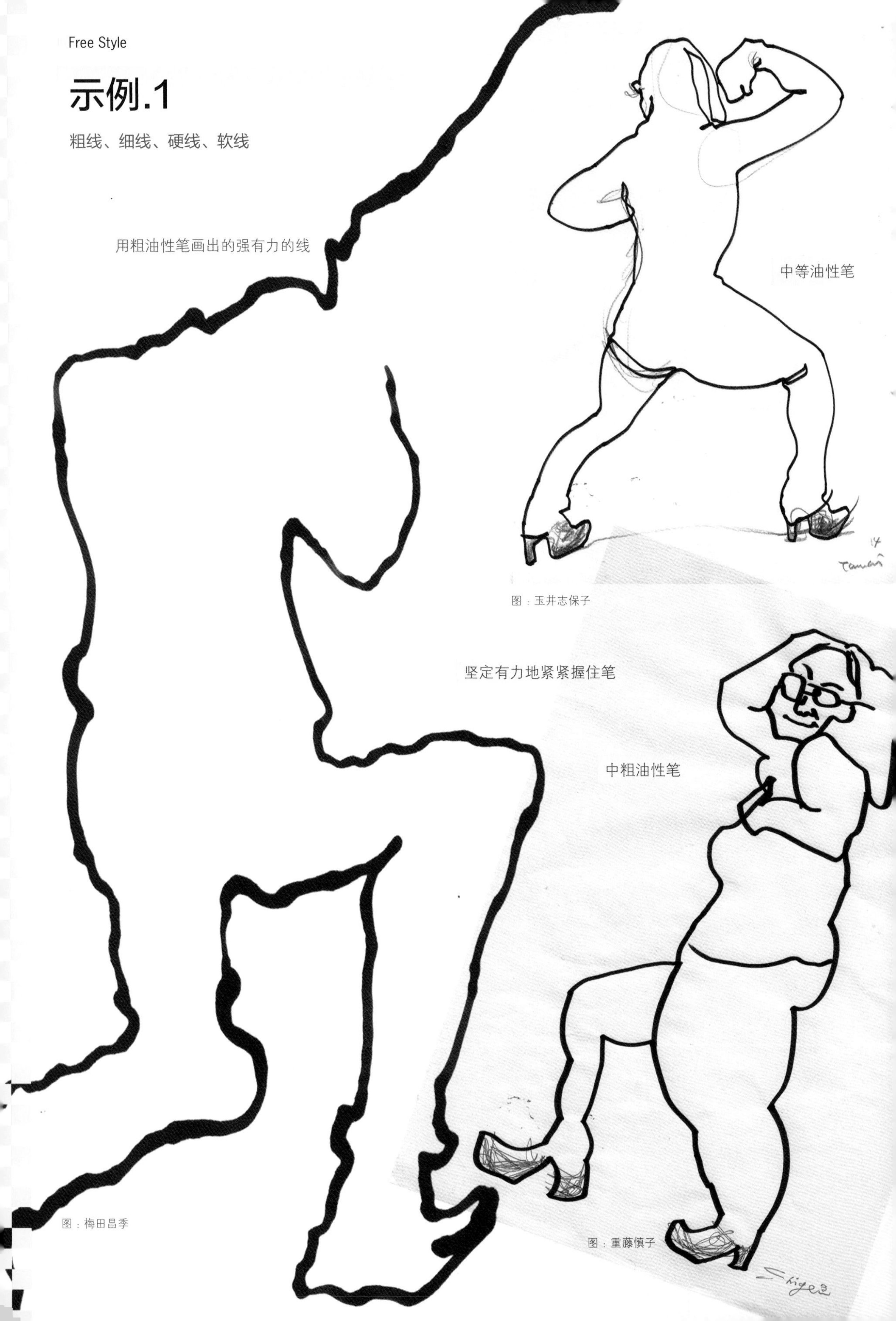

用粗油性笔画出的强有力的线

中等油性笔

图：玉井志保子

坚定有力地紧紧握住笔

中粗油性笔

图：梅田昌季

图：重藤慎子

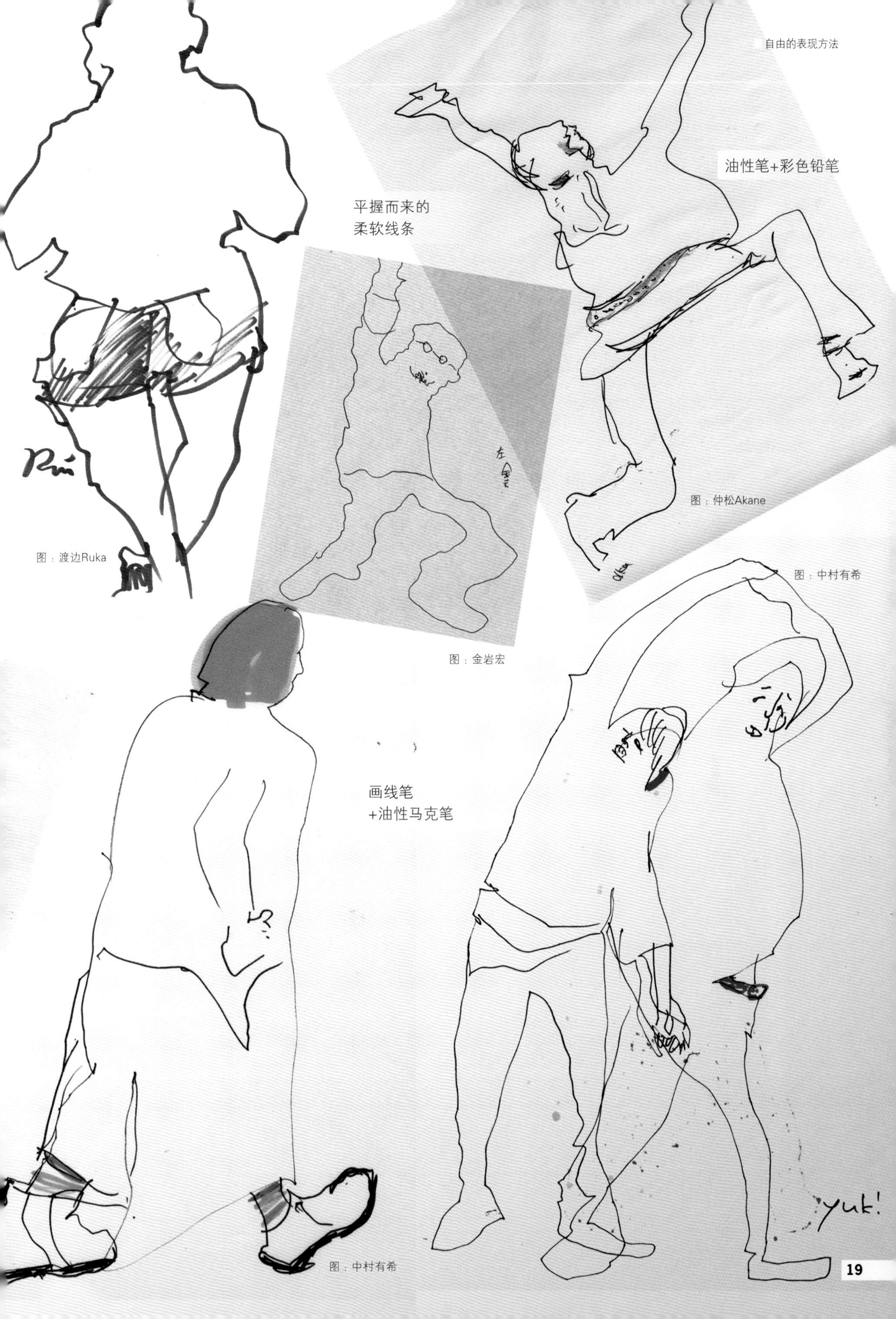

图：渡边Ruka

图：仲松Akane

图：金岩宏

图：中村有希

图：中村有希

示例.2

粉彩笔和蜡笔舒展的柔软的线

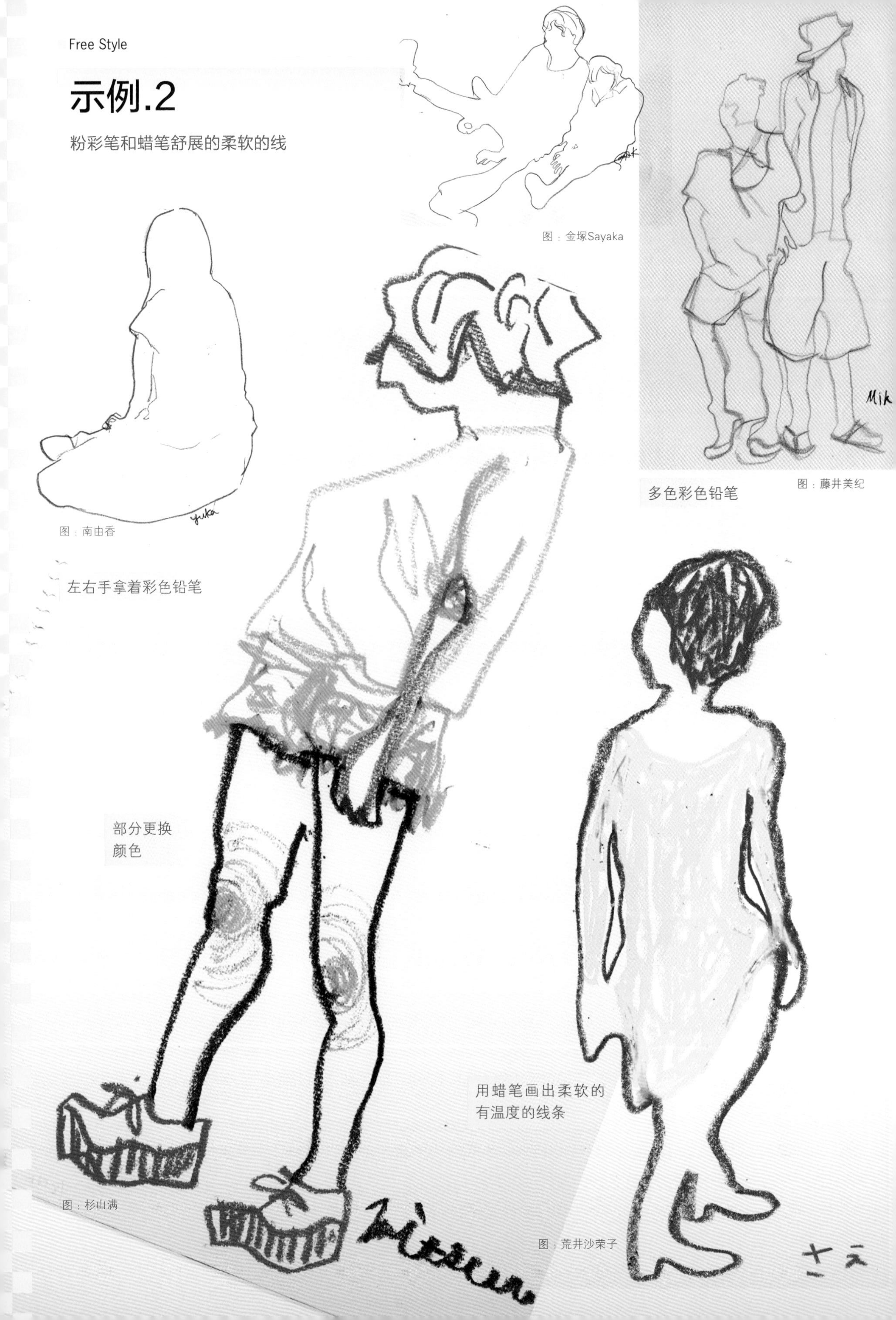

图：金塚Sayaka

图：南由香

左右手拿着彩色铅笔

多色彩色铅笔

图：藤井美纪

部分更换
颜色

用蜡笔画出柔软的
有温度的线条

图：杉山满

图：荒井沙荣子

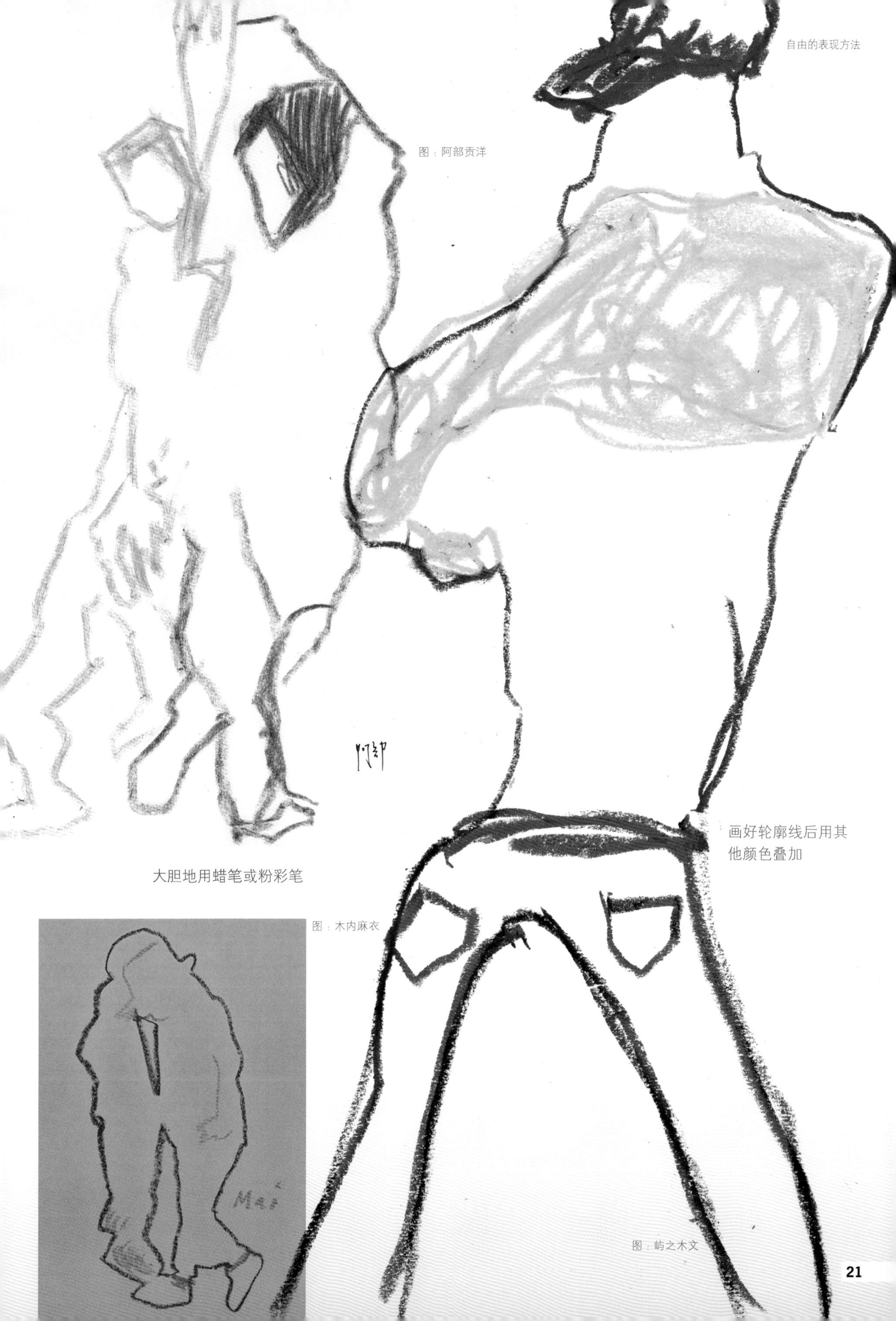

图：阿部贡洋

大胆地用蜡笔或粉彩笔

图：木内麻衣

画好轮廓线后用其他颜色叠加

图：屿之木文

示例.3

将一部分色彩化，拿两支笔描画

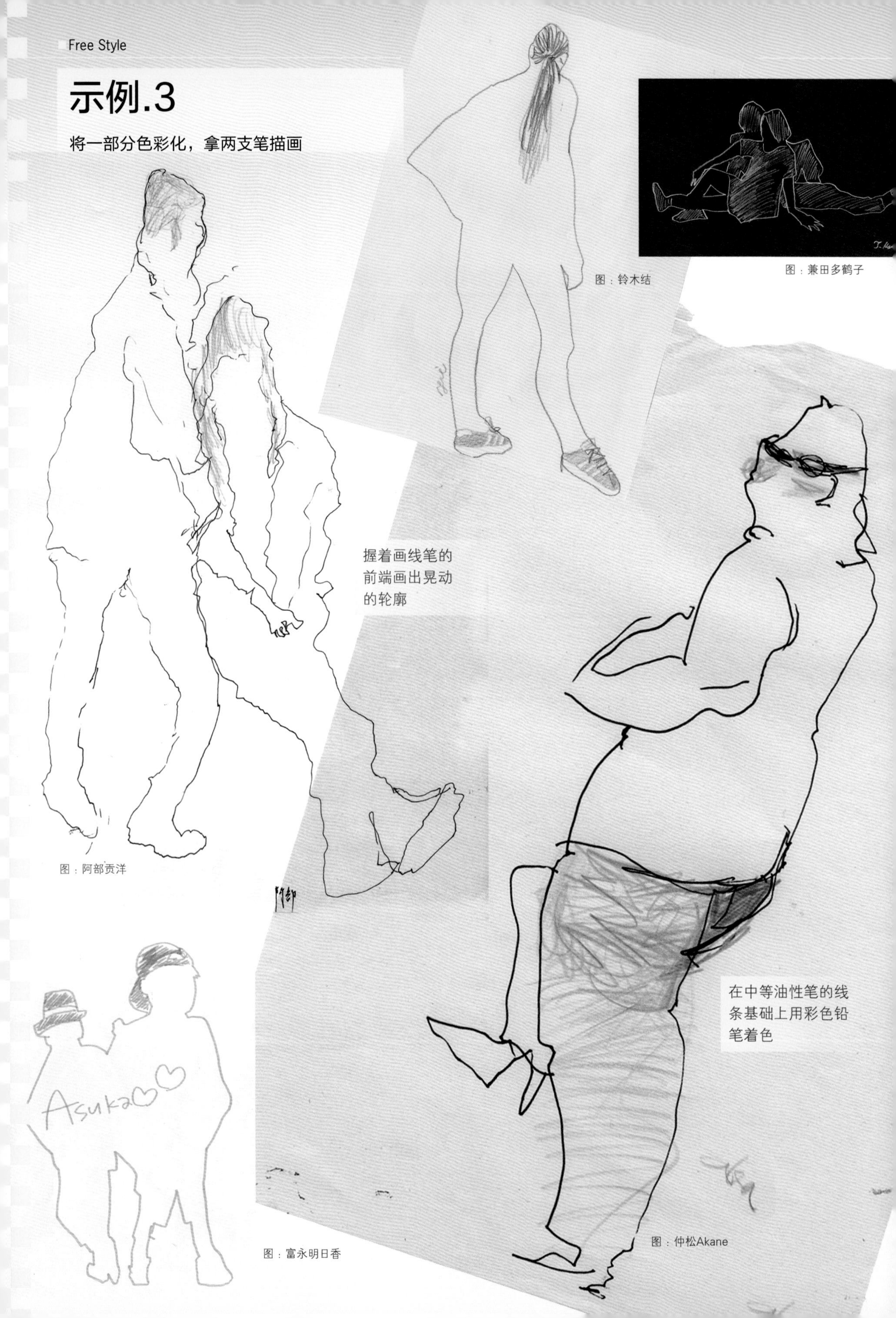

握着画线笔的前端画出晃动的轮廓

在中等油性笔的线条基础上用彩色铅笔着色

图：铃木结

图：兼田多鹤子

图：阿部贡洋

图：富永明日香

图：仲松Akane

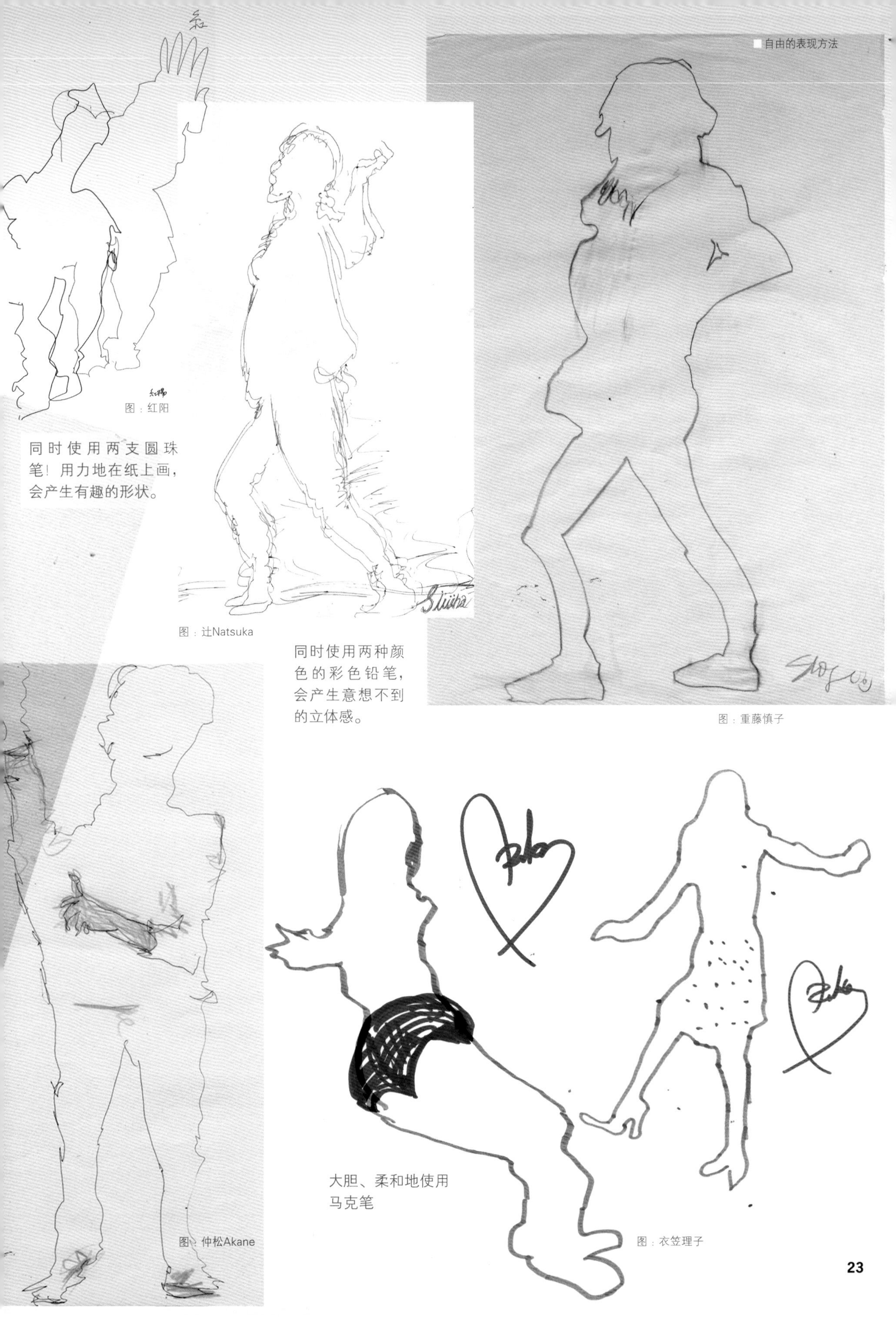

图：红阳

同时使用两支圆珠笔！用力地在纸上画，会产生有趣的形状。

图：辻Natsuka

同时使用两种颜色的彩色铅笔，会产生意想不到的立体感。

图：重藤慎子

图：仲松Akane

大胆、柔和地使用马克笔

图：衣笠理子

示例.4

在彩色纸上绘画，给画的一部分上色，之后换其他笔来画。

图：森本麻友

图：藤井美纪

图：平野麻理惠

图：南真帆

图：井上绫夏

图：南真帆

图：早川佳那

用粉彩笔部分着色

图：安田菜

图：松井祐也

图：藤井琴美

图：五宝雅美

图：平野麻理恵

图：南真帆

图：原泽优衣

图：木内麻衣

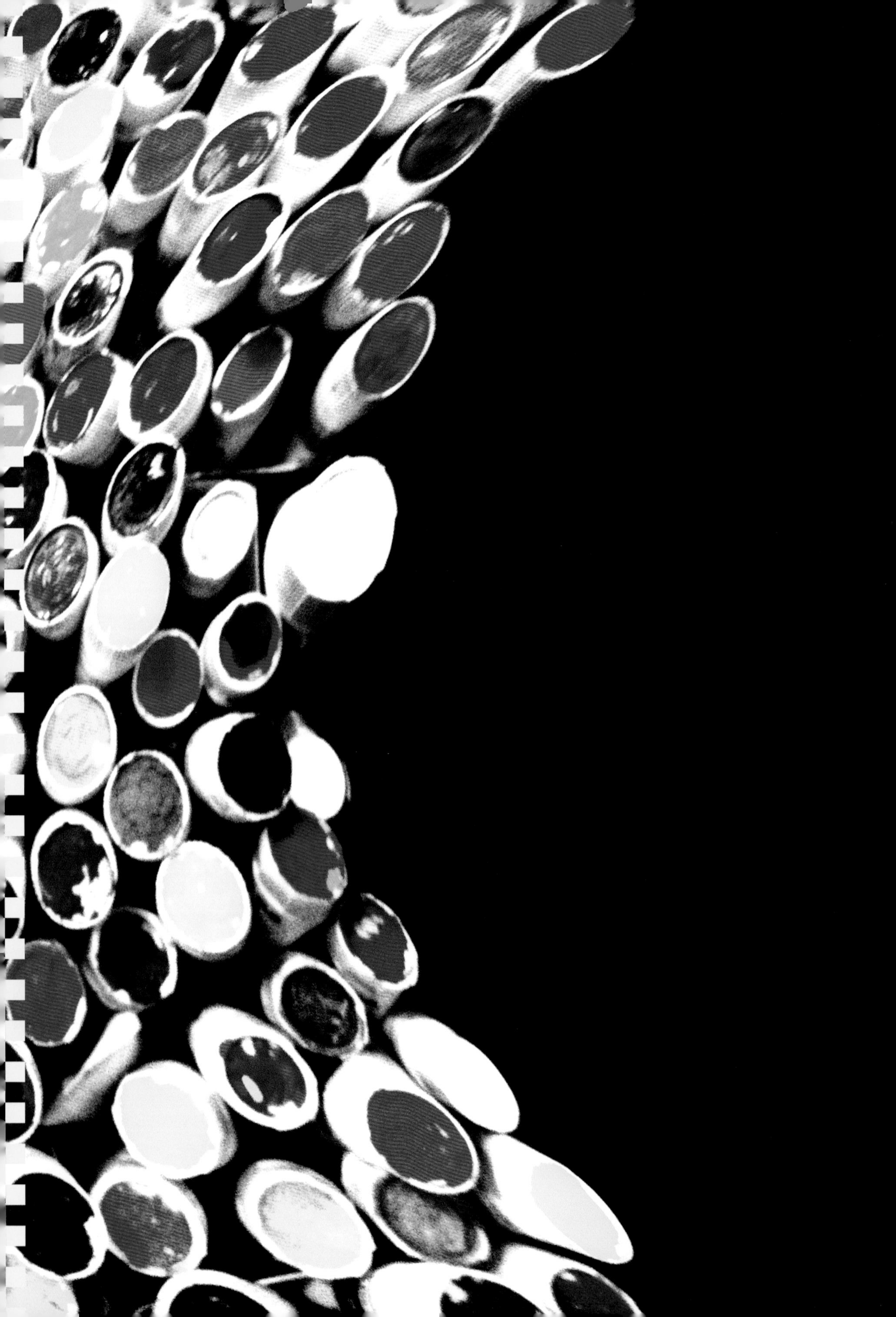

It draws in the way of **thinking**

用自己的想法来绘画

不需要任何意图，
而是照着自己心想的样子去着色。
任笔游走，
这便是成形的方法！
偶然的结果或者
无意识的描绘，
会有意想不到的发现，
或者联想出新的设计构思。

用想法来绘画

比起自己的想法来，还有一种利用偶然的无意识或集体意识来设计、构思、造型的技巧和手法。保持那一天的心情或心理活动，不去规定什么形式，颜色则可以晕染，可以挥洒，可以渗染，总之自由地描画，会出现意想不到的形状。倾斜着看、颠倒着看、拉伸着看、放大了看，是不是可以看到许许多多形状呢?

大家一起合作……
各自画后再合在一起试试。

把纸弄破后放在上面……

把纸竖起来造成油彩滴落……

在别的纸上画一对眼睛后，放回画有图案的纸上看看……

颜色啪嗒啪嗒掉落而渗透

甩动自己的笔，使颜料飞溅……

从上面滴答滴答地洒落油彩……

临摹再加画一些东西……

使用晕染&渗染

不去按照习惯的次序，而是根据那一天的心情或心理活动，颜色则可以晕染，可以挥洒，可以渗染，总之要自由地描画。充分晾干后，斜着看、倒着看、拉长了看、扩伸了看，可以看到许许多多形状显现出来。然后在别的纸上画上大的脸或者小的脸，和原来的画合起来看。即便只是竖着放或者横着放，也能看出各种各样的造型。

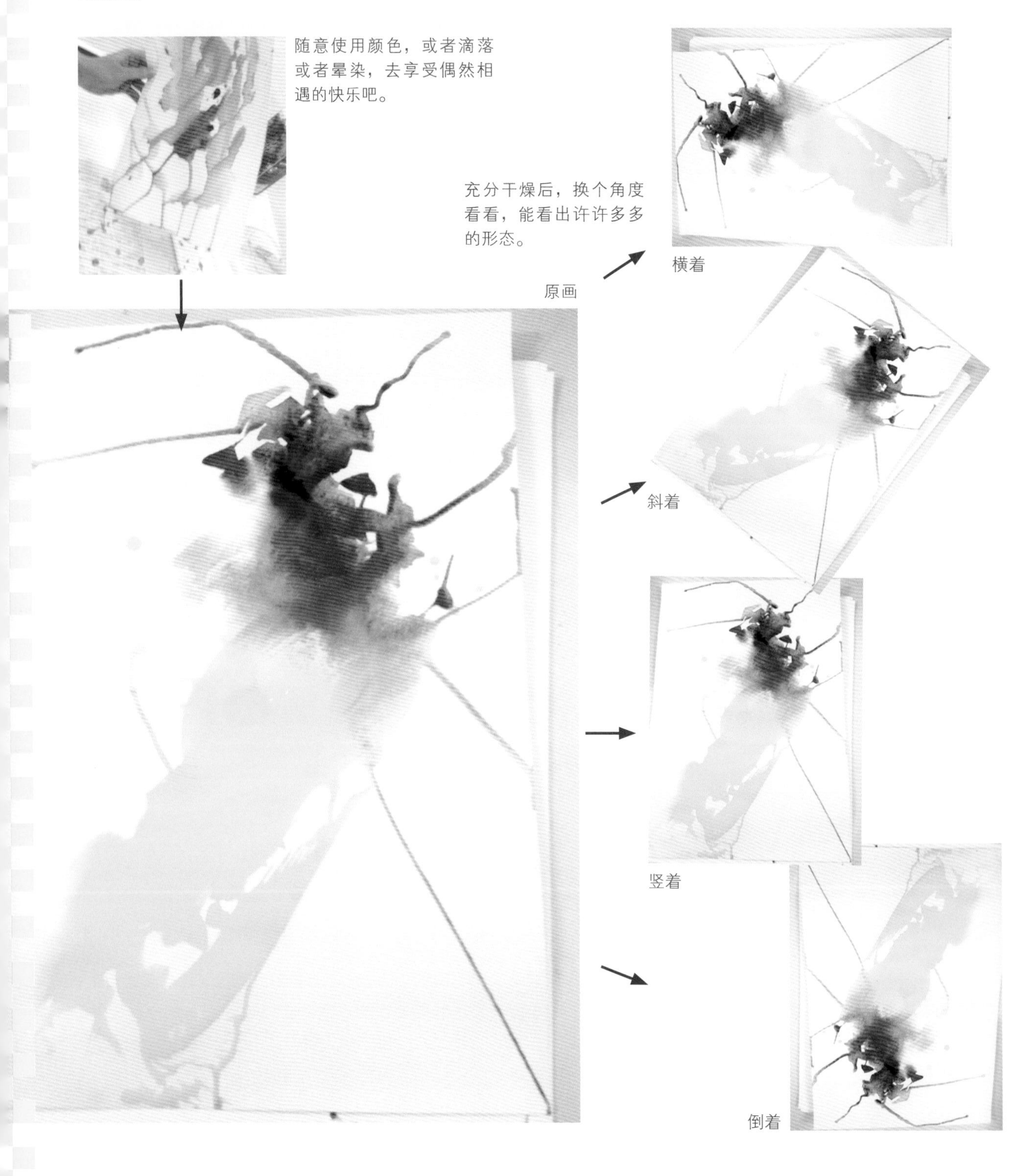

横着放斜着放……

配合大脸可以想成帽子……

配合小脸可以看作裙子……

在别的纸上画上脸或手，
放在一起看看。

晕染&渗染作画

将纸沾水，在这之上叠上颜色，颜色就会自然地渗染。无论在纸上用单种颜色，还是再在纸上添加多种颜色，都可以得到一种自然的浓淡晕染的效果。用笔将纸沾满水，再让纸干一干，干成可以作画的状态再画，这是一个诀窍。

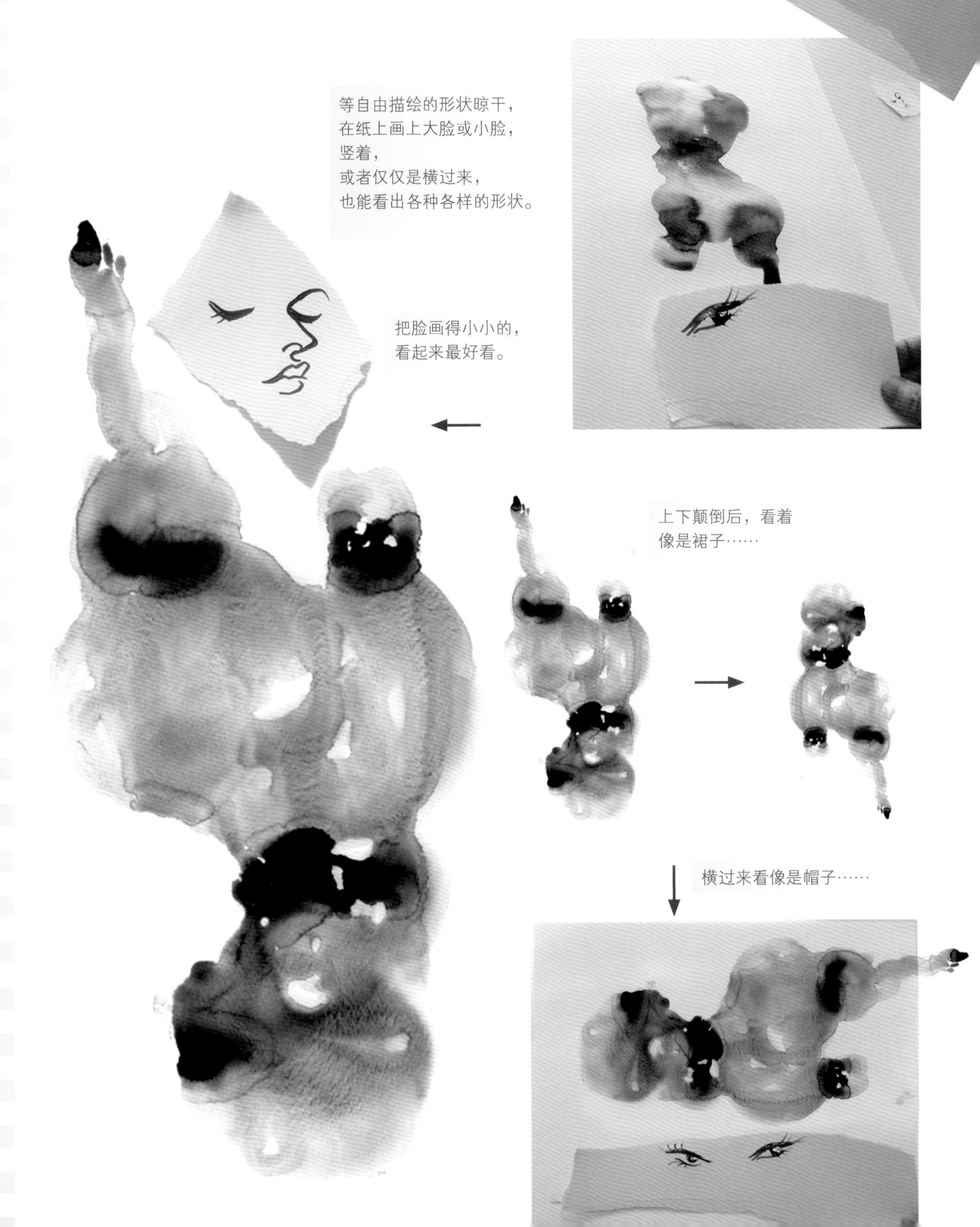

等自由描绘的形状晾干，
在纸上画上大脸或小脸，
竖着，
或者仅仅是横过来，
也能看出各种各样的形状。

把脸画得小小的，
看起来最好看。

上下颠倒后，看着
像是裙子……

横过来看像是帽子……

要是任由自己去期待和偶然性的相遇，画不好可怎么办！还是放下这样的想法，让自己不再紧张，这样就能用果断的笔触描绘了。

多多地、充分地在纸上洒水。

油彩浓浓地滴落。

自然地渗透。

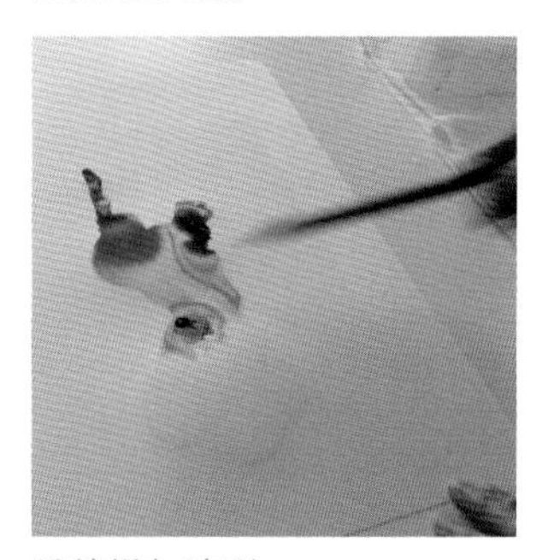

继续增加油彩。

示例.1

活用水彩的水量作画

水彩大胆地滴落渗透，产生了率直之美的巨大的帽子。

图：梅田昌季

用大的画笔大胆地渗透的形式，就这样活用，形成快乐的野性的轮廓！

图：吉峰晶子

渗染和滴漏（dripping）技法重叠，产生如毡布一样厚重的质感！

图：黄孟梦

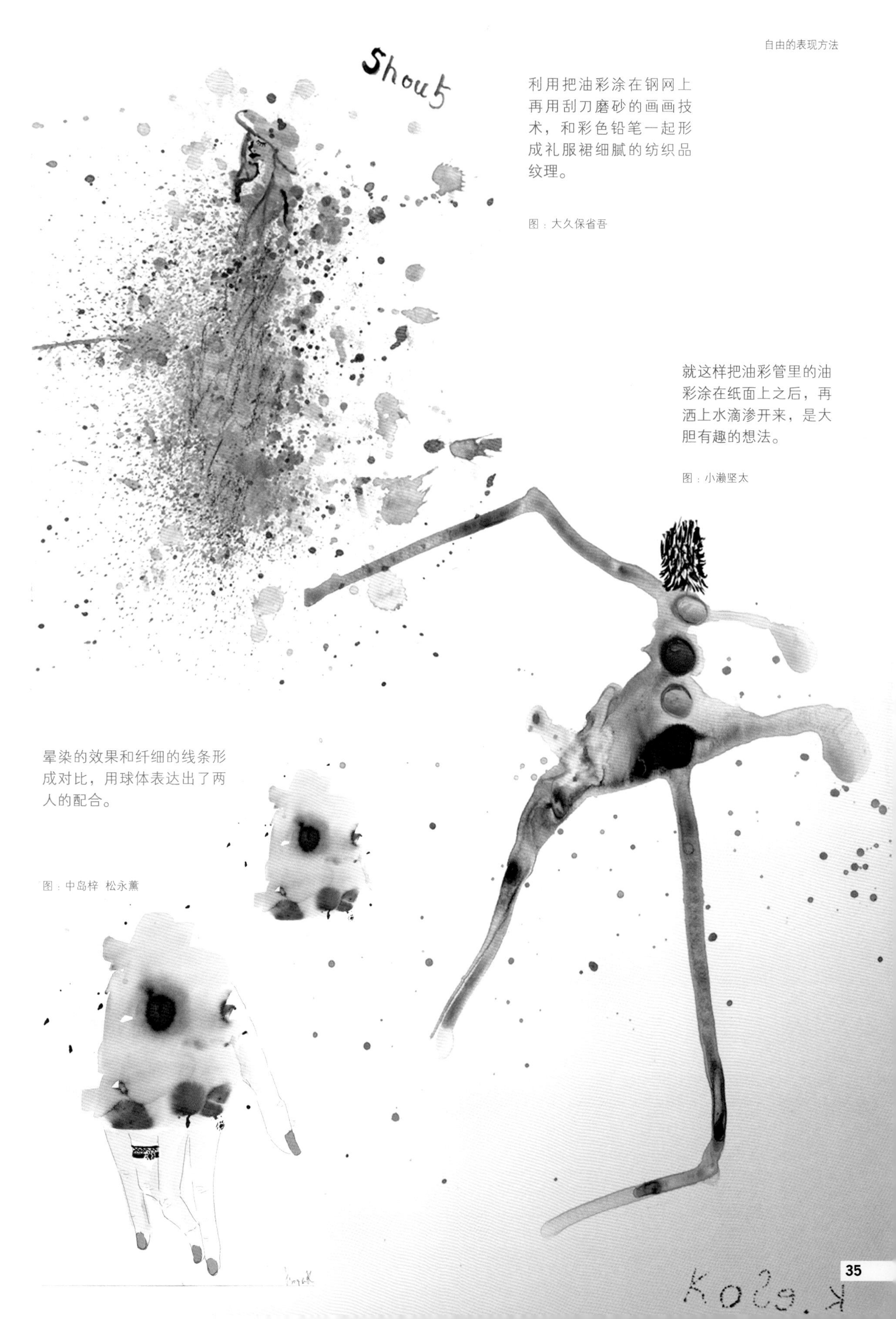

利用把油彩涂在钢网上再用刮刀磨砂的画画技术，和彩色铅笔一起形成礼服裙细腻的纺织品纹理。

图：大久保省吾

就这样把油彩管里的油彩涂在纸面上之后，再洒上水滴渗开来，是大胆有趣的想法。

图：小濑坚太

晕染的效果和纤细的线条形成对比，用球体表达出了两人的配合。

图：中岛梓 松永薰

示例.2

活用粗笔的线条作画

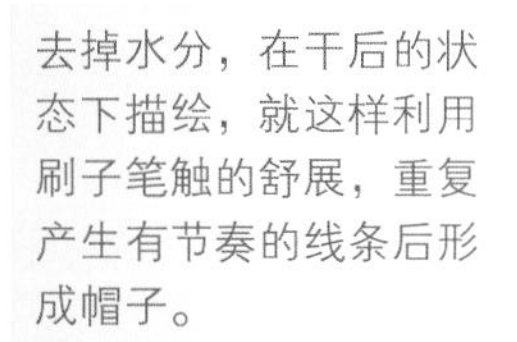

去掉水分，在干后的状态下描绘，就这样利用刷子笔触的舒展，重复产生有节奏的线条后形成帽子。

图：后藤亚希子

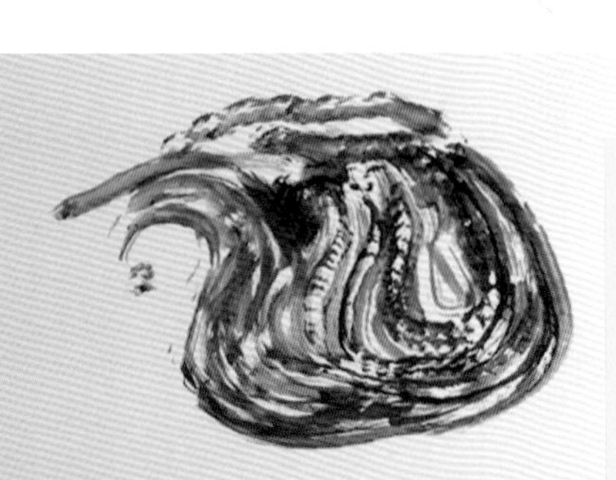

用圆毛刷形成的重叠颜色的美丽混合色块，既能看作礼服裙的袖子，改变方向后又能看作是手拿包或者是富有光泽感的珠宝。

图：尾林大树

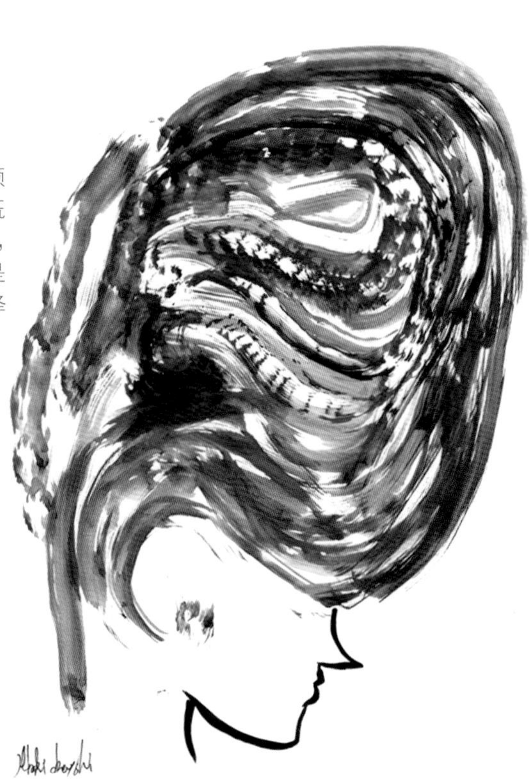

用饱含油彩的最粗的笔，以富有气势的、立体的、具有存在感的笔触自然形成形状前卫的礼服！

图：金成河

用刷子涂鸦一样，自由描绘出具有充分体积感的、线条大胆的外套礼服。

图：立石明

在模糊、晕染、渗染之后，用纤细的面相笔（勾线笔）加上绑带，变身芭蕾舞鞋！最初画的时候并没有这样的设想。

图：细谷修

作：細谷修

示例.3

根据笔的不同特性生动描绘

用写书法用的最粗的笔写出春夏秋冬四个文字，转化成为礼服裙的作品。

图：福泽明日香

不管什么颜色，用油彩就这样直接叠加，形成蓬松而有厚度、有垂坠感的下装；和经过晕染而产生轻盈质感的上装一起，变为富有对比性的礼服裙。

图：畑山夏美

平刷、圆毛刷、面相笔，就这样利用这些笔的特点所描绘的笔触，展现出轻盈的礼服裙。

图：内田智美

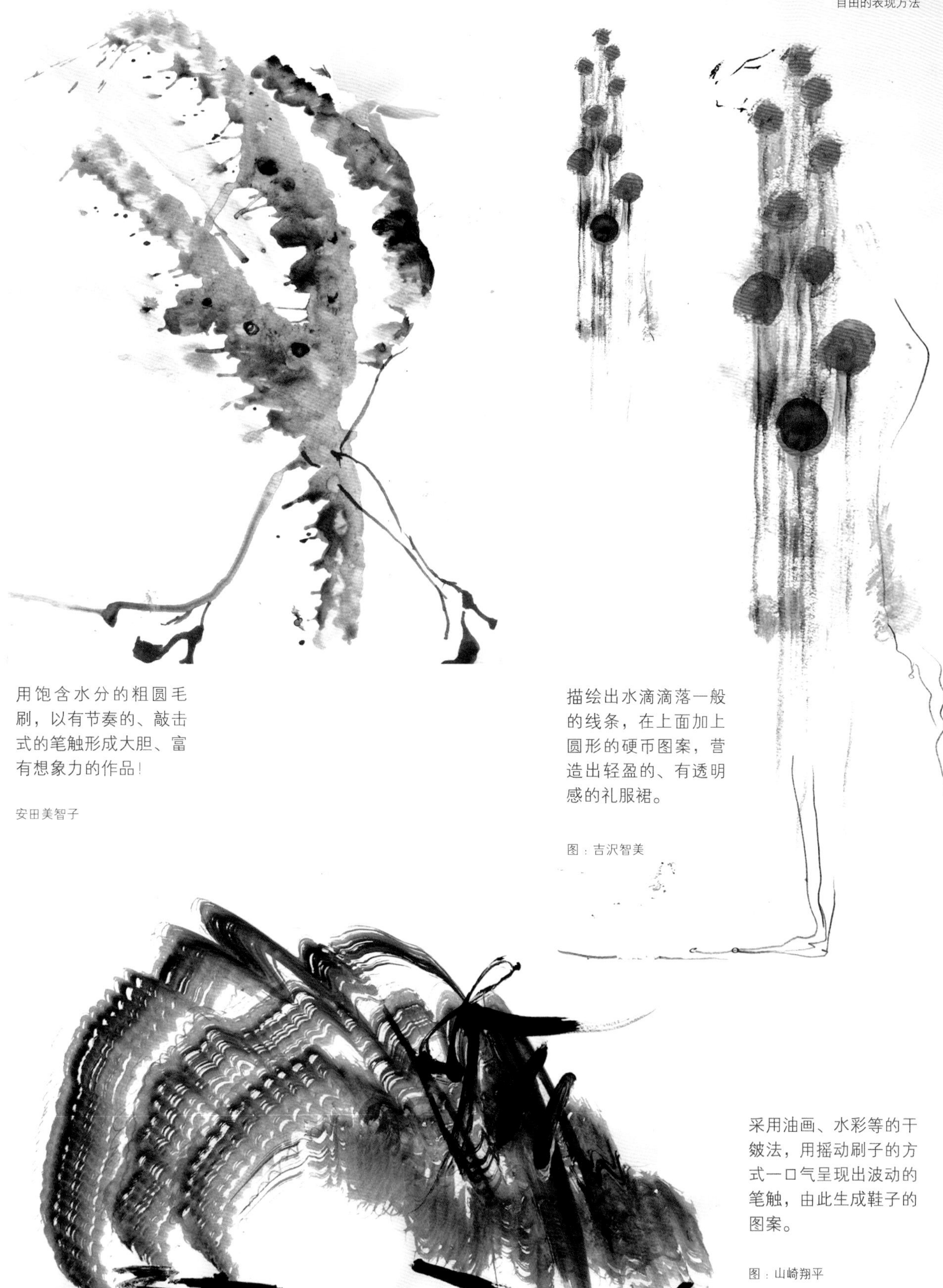

用饱含水分的粗圆毛刷，以有节奏的、敲击式的笔触形成大胆、富有想象力的作品！

安田美智子

描绘出水滴滴落一般的线条，在上面加上圆形的硬币图案，营造出轻盈的、有透明感的礼服裙。

图：吉沢智美

采用油画、水彩等的干皴法，用摇动刷子的方式一口气呈现出波动的笔触，由此生成鞋子的图案。

图：山崎翔平

用移画印花法绘画

Décalcomanie，法语里的意思是印花釉法、移画印花法、移印画等。将画在纸上的画涂上油彩后对折，从上面用手或借助工具抹平后慢慢打开，就出现了左右对称的图案。这原本是一种将在纸上描绘的图案贴到陶瓷、玻璃上的印刷技术，画家奥斯卡·多明委兹（Óscar Domínguez）将这一技法引入作品绘制中，它成为超现实主义的画家们运用的一种手法而广泛流传开来。和绘画的那只手的控制或意识无关，把偶然呈现的形象，落下、嵌入设计之中。

1 在其中的一面自由地撒上油彩。

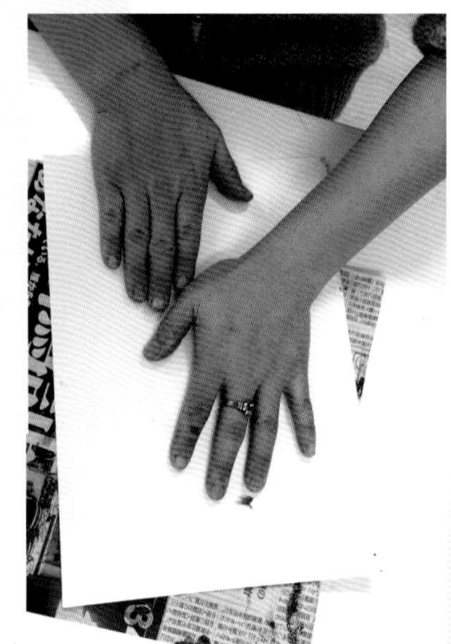

2 压平，使得油彩移印到另一面。

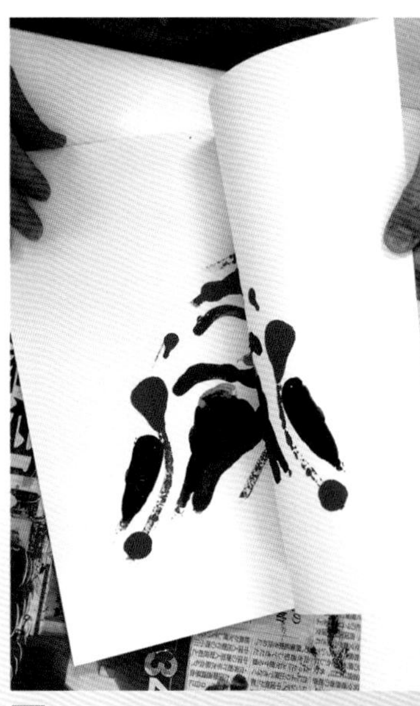

3 打开后，被对称移印的油彩呈现出意想不到的图案。

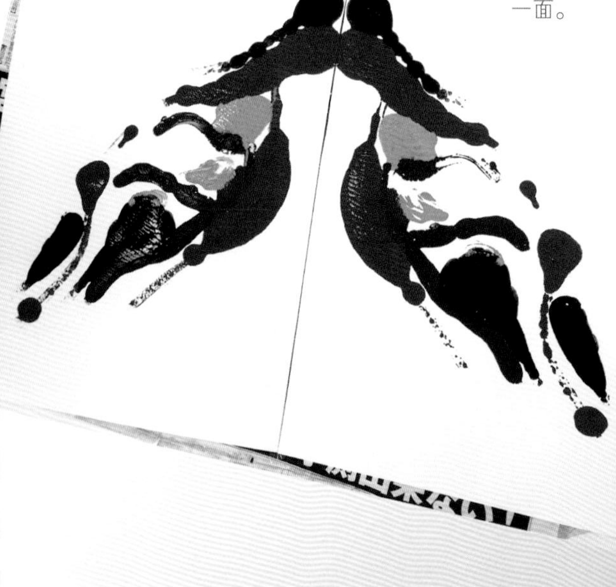

使用这种技法作画的画家马克斯·恩斯特（Max Ernst，20世纪德国超现实主义画家）使用两张纸，在油彩伸展出的痕迹等偶然得来的形状之上，添加上人、建筑物、天空的作品。

示例.1

尽量多挤点水彩颜料出来涂在纸上进行移印

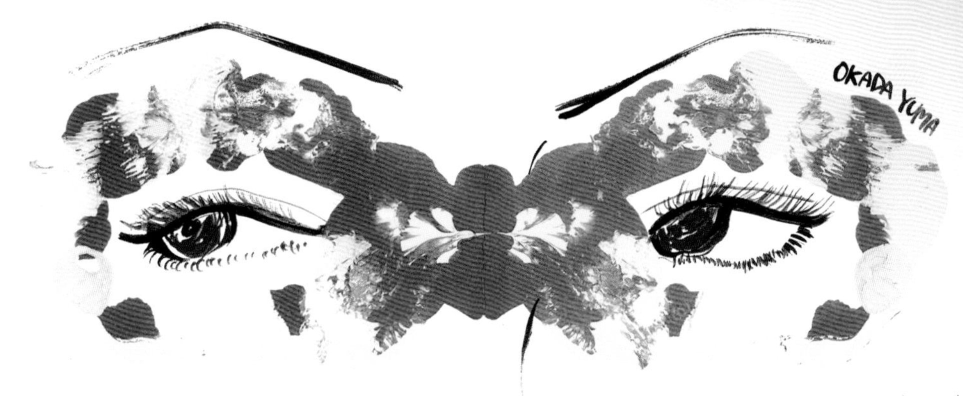

添画上眼睛之后，变成可爱的眼罩式面具的设计。

图：冈田侑真

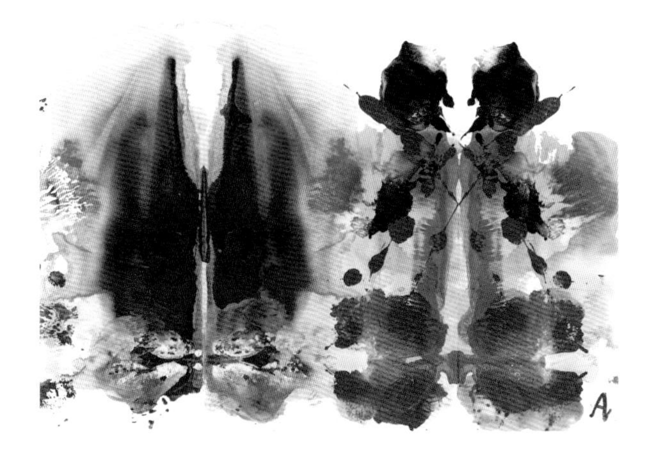

竖向、横向，在好几处地方使用移画印花法完成的作品，偶然间得到了蓬巴杜发型，将这一部分加以利用，完成两位女性的舞台服装效果的图案。

图：荒居步

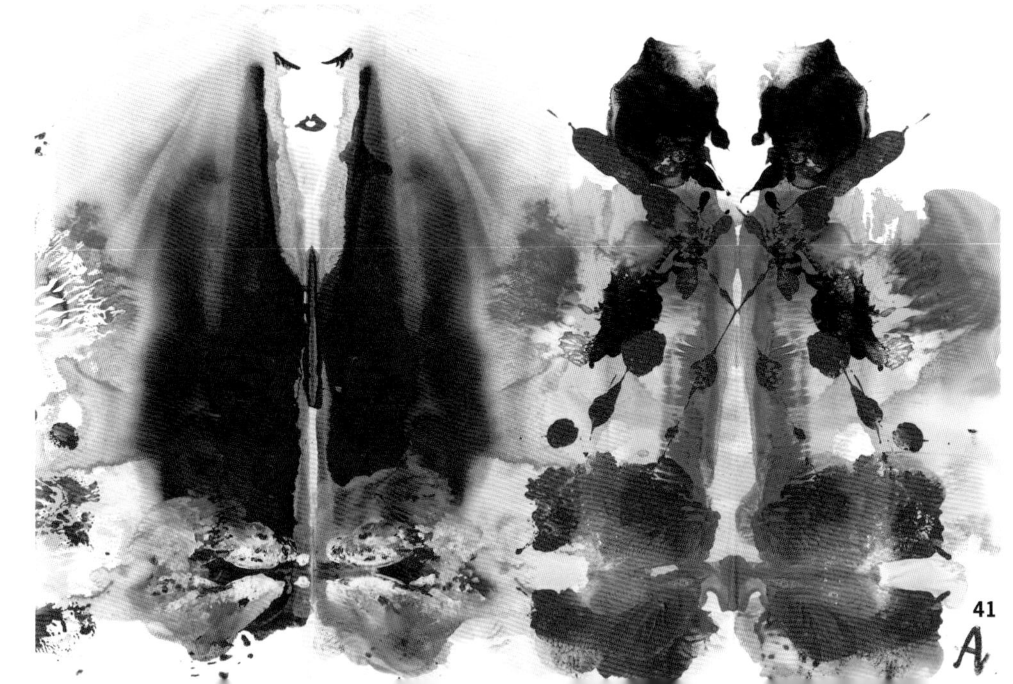

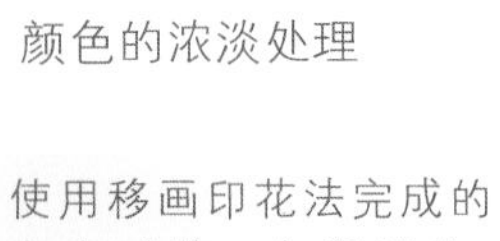

示例.2

颜色的浓淡处理

图：结城穗奈美

使用移画印花法完成的左右对称、色彩鲜艳、图案可爱的礼服裙！

图：荻原忍

善加利用油彩的素材，形成有分量的大衣。

图：庄司真苗

多种颜色的复杂的移画印花法形成的图案，就这样被幻化成了性感高跟鞋的设计。

图：高山佳奈

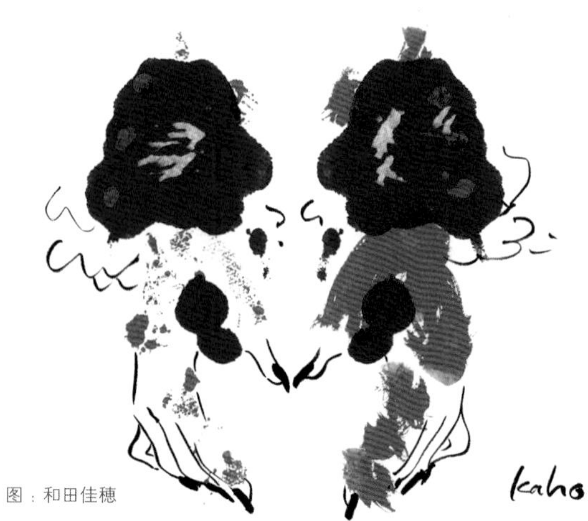

图：和田佳穗

对称的手、脚或眼，用移画印花法表现，再各自左右分开设计。

合作

共同协作作画，实现新创意。

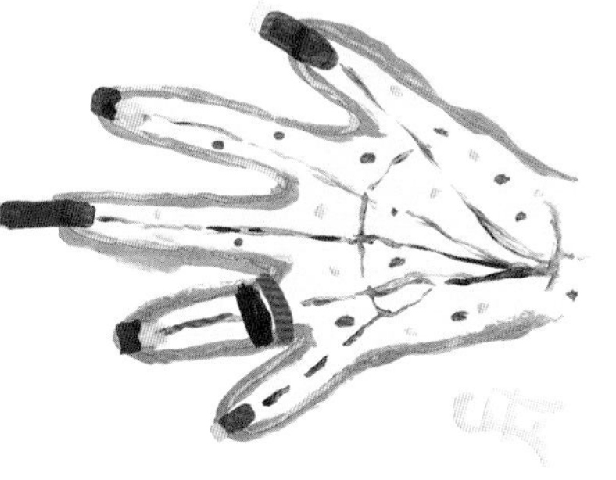

图：森大起&藤冈亚希子

森大起&藤冈亚希子

用蜡染绘画

用蜡笔等油性的画具画画时，从上面涂颜料形成排斥效果的绘画方法。用油性部分排斥水的部分，它可以轻松地表现出在浓重底子的基础上形成明亮的纹理和图案。所谓蜡染（batik），是指利用蜡会排斥染料这一效果形成的技法。此外，用这一技术染成的布也被称为蜡染布。20世纪初，这一印度尼西亚的爪哇语词汇被英语吸收，现在仍被称为batik。

在浓重底子的基础上，也能很容易地表现出明亮的图案。

先用蜡笔自由描绘，再在上面用水溶性油彩绘画时，就会被蜡笔画过的部分排斥。

注：丙烯类的油性油彩是不会被排斥的，所以一定要使用水溶性的油彩。

示例

根据画具的特性，在绘画时塑造不同效果

用蜡笔画几何花纹和叶子的叶脉，用刷子涂油彩，简单地形成时髦的纺织品！

图：古川里绘

蜡笔所特有的开放的气质和被排斥开的油彩，这样设计后形成了有趣的作品。

图：Monte Laura　Maria Michaela

没有浓淡、强弱，朴素的蜡笔的特征能被升华成自由、开朗、明亮、有冲击力的男装T恤衫，不透明的水彩的浓重底子上，平坦的染色感很有效果。

图：樱井洋平

示例.2

涂色时注意用浓淡深浅来表现立体感

在纸上画许多花朵的纹路，就成了一个构图大胆的帽子。

图：菅原智香

不停地画圈，使曲线出现细小的联结，这样就可画出一双松松软软的针织袜子。

图：直井香菜实

可以用蜡笔描摹自己的双手……

图：金春灵

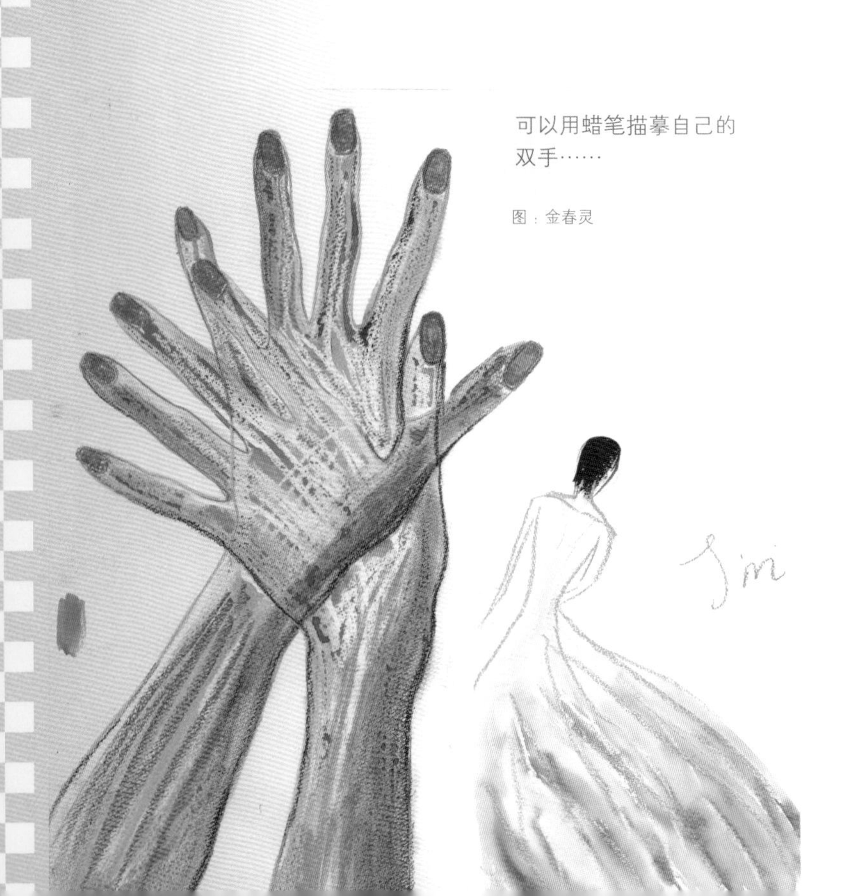

这是活用了蜡笔能滑溜地画出作品这一特点而画成的帽子，黄色的蜡笔和水彩很有立体效果！

图：小林爱

用蜡笔重复画出半圆形，像波浪一样反复重叠在一起画成的传统纹样“青海波”。

图：千叶真美

可以通过轻拍的方式进行印染，自由生动地表现纱裙纤密的质感。

图：星野佳世

松软轻柔的针织连衣裙。妆容和发型都用浓烈有力的笔触描绘。

图：安明充

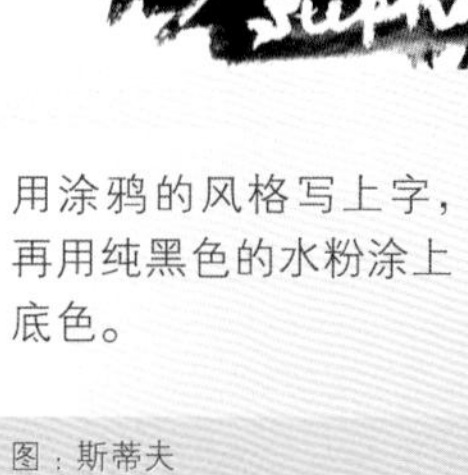

用涂鸦的风格写上字，再用纯黑色的水粉涂上底色。

图：斯蒂夫

水彩技法之种种

在第一章里，大家任由兴趣自由自在地画了许多东西，在其中已经不知不觉运用到许多绘画的技法。颜料（透明、不透明）、纸张的种类（荒目、中目、细目）、水的量、水干的时机都会产生各自不同的效果。善加利用水的特性，借由水与颜料产生的渗透、晕染、模糊、涂抹等效果中蕴藏着这些技法。在这里我会为大家介绍水彩的各种各样的技法。（关于纸张的情况请参考第101页）

注：水彩纸按粗糙程度分为荒目（粗纹）、中目（中粗纹）、细目（细纹）。

■洗
饱含水分在很广的范围里薄涂的基本水彩技法。容易涂抹均匀的纸，有法国Arches阿诗水彩纸荒目/细目，意大利的法比安诺（Fabriano）水彩纸荒目/细目、Classico5荒目/中目/细目，日本Watson、Mermaid ripple、Muse kenaf等品种。

■干笔法
在沥干水分（控制）的状态下运笔的一种笔触。（干笔）枯干的笔触能有效表现出各种各样的质感。粗糙的纸、尺寸足够“止血”（停止渗透）的纸张是合适的。有Arches水彩纸荒目、Classico5荒目、Mermaid ripple、Muse kenaf等。

■干画法
在干了的颜色上再叠加其他颜色的技法。与在调色板上混合颜色的做法相比，色彩度不容易掉，也能得到有深度的色调。对于底下的颜色不容易融化的纸，有Arches荒目/细目、Fabriano荒目/细目、Classico5中目/细目、White Watson等。

■湿画法
在湿纸上再上颜色的技法。在还没干的颜色上滴上水或别的颜色，能得到渗透的效果。具有较高持水能力的纸能使颜色大大地延伸开来。有Arches中目/细目、Fabriano中目/细目、Classico5中目/细目、MBM木炭纸、Watson、CANSON MI-TENTES等。

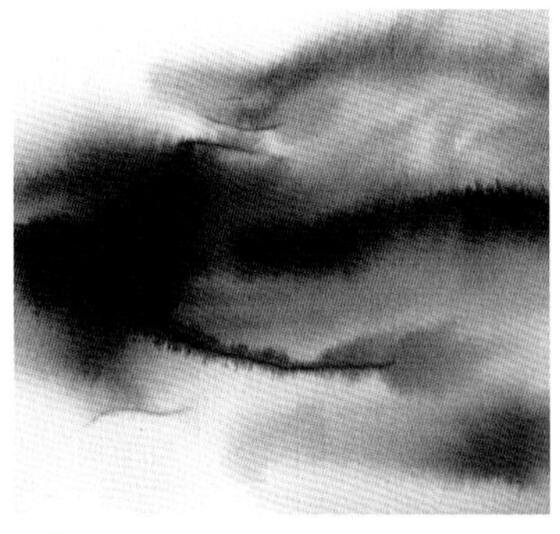

■渐层
洗的过程中，改变油彩的颜色或者使之变淡，就能产生渐变效果。只有持水能力高的纸才能做出漂亮的渐变色调。容易晕染均匀的纸，有Arches中目/细目，Fabriano中目/细目、Classico5中目/细目、MBM木炭纸、Watson、CANSON MI-TENTES等。

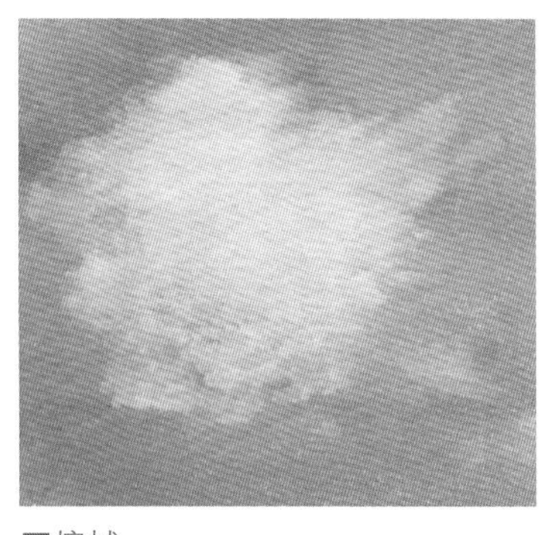

■擦拭
趁涂上去的颜色还没有完全干透的时候，用棉纸或海绵等轻压表面使之脱色的技法，也可以称之为刮擦。干燥过程比较稳定、脱色容易的纸有Arches中目/细目、Fabriano中目/细目、White Watson、CANSON MI-TENTES等。

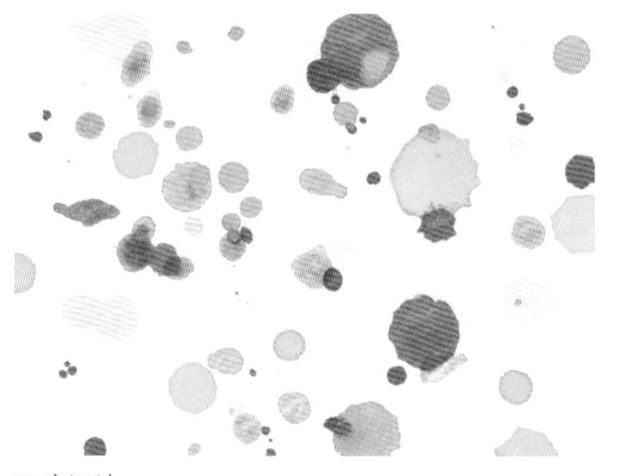

■滴漏法
用粗粗的笔充分蘸满颜料，从纸的上方使之吧嗒吧嗒滴落的技法。这种作画方法不需选择纸的质量。

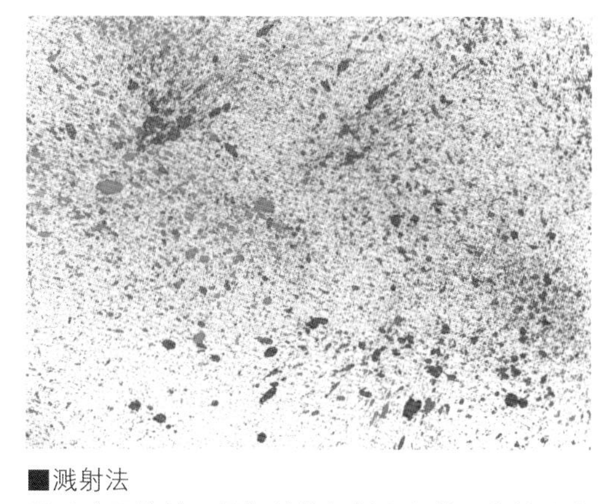

■溅射法
用手或网持笔，轻轻地将颜料斑点状、粒状散落开来的绘画技法。和滴漏法一样，这种作画方法不需选择纸的质量。

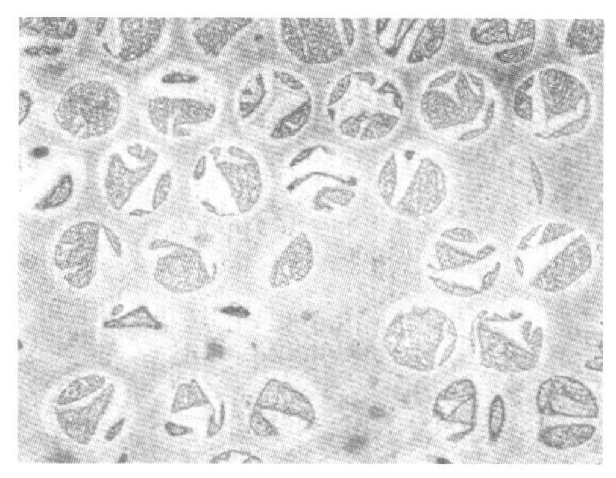

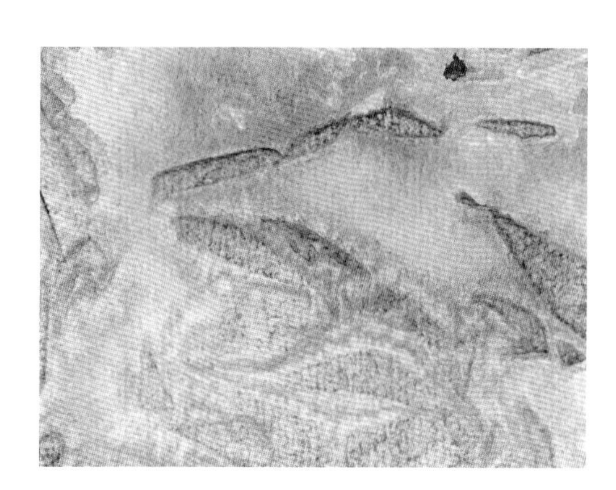

■空气包装袋
在画面上涂好颜料后，趁表面还没干的时候，可以按压各种各样的材料，享受它们带来的种种偶然性的一种技法。选择那些可以叠起来或者团起来，不吸水的空气包装袋、保鲜膜、铝箔等。颜料快要干透的时候，把它们拿走，会留下它们清晰的模样。Arches中目/细目、Fabriano中目/细目、White Watson、CANSON MI-TENTES等都可以。

■留白
※留白胶，可以在不想沾上颜料的那一部分预先贴上的产品。
※留白液是液体状的，在不想沾上颜料的那一部分预先用笔或蘸水笔涂好。需要使用那些表面强度高的纸。

第2章

人体的法则

在时装设计画上画出人体的平衡比例，
是必须掌握的基本技能。
打破既定的规则和条条框框，开拓新境地，
虽然是时尚的本质，
但最终，衣服只有穿在了人身上才能成立。
想要自由描绘头脑中的某个想法，
好好地理解人体的结构和比例，
是很有必要的。
打好支持构思的基础，
来学习作为基本规则的人体法则吧。

人体的比例

所谓比例，说的是基准和整体的关系。测量人体的比例是以头部的长度为基准的。人的比例通常是7.5头身，时尚界里为了衬托衣服，理想的身材比例是8.5头身或9头身，甚至9头身以上的情况都有。

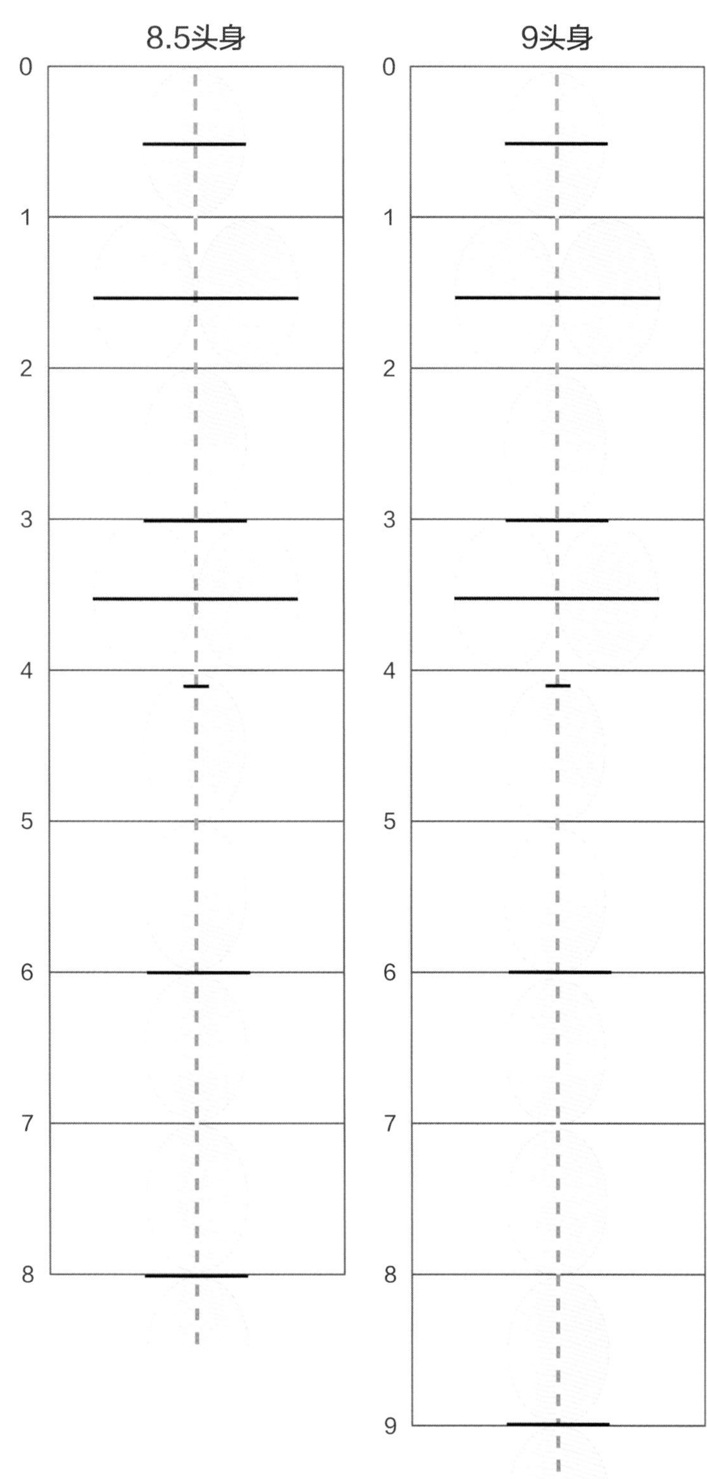

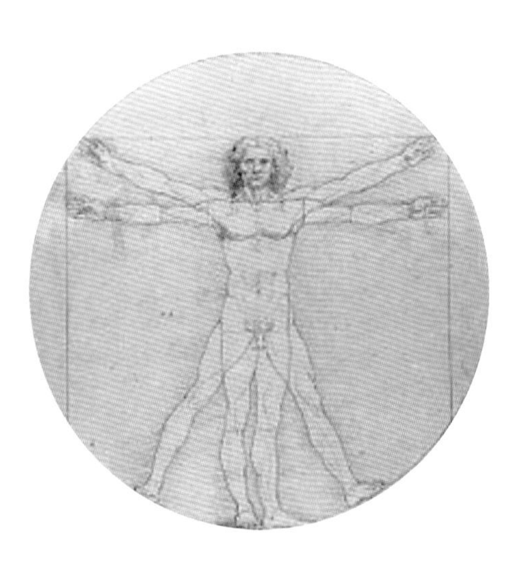

维特鲁威（Vitruvius）的人体图

1487年前后，列奥纳多·达·芬奇描绘的世界著名的完美比例的人体。以古罗马时代的建筑家维特鲁威的著作为基础，画出了正确的人体比例。这一素描，有“比例定律”或“人体的和谐”之称。

以头部为基准，
肩宽和臀围：（头部的宽度）×2
腰围：（头部的宽度）×1
描绘9头身时是从膝盖开始往下拉长。身体和手的比例和8.5头身完全相同。

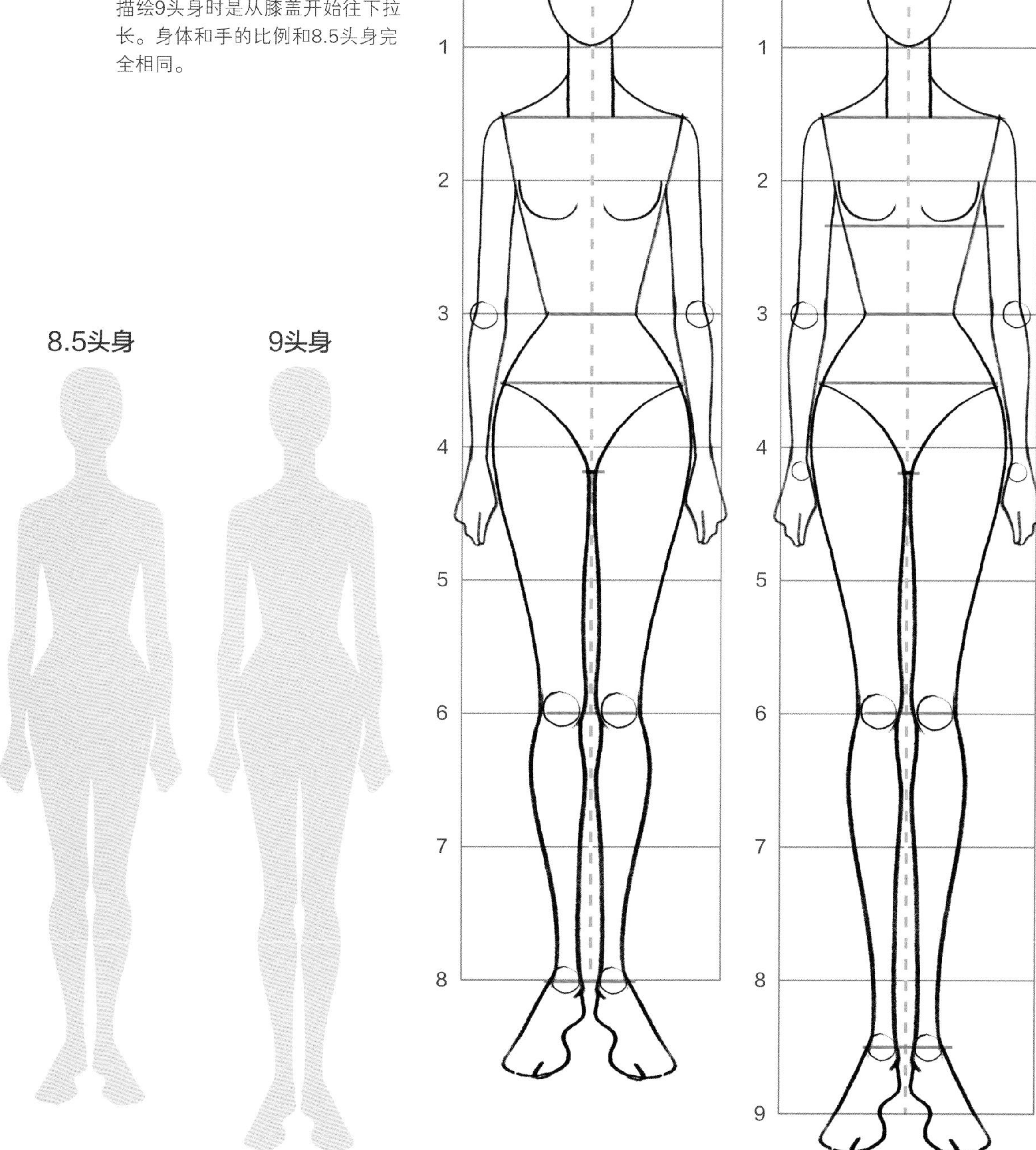

比例（女性）

配合纸张的尺寸，在取得很好平衡的情况下，画一条8.5头身的基本线。

❶ 纵向轻轻地画一条中心线。

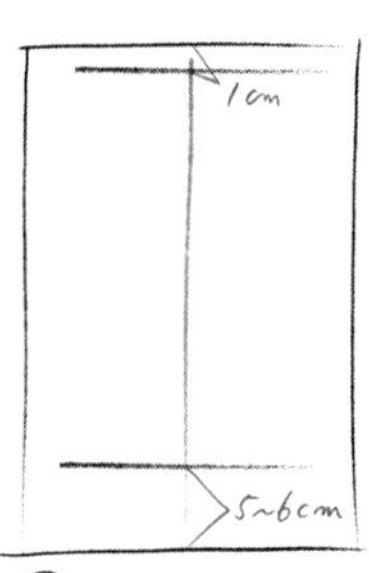

❷ 从上面1厘米，从下面5～6厘米的地方画横线。

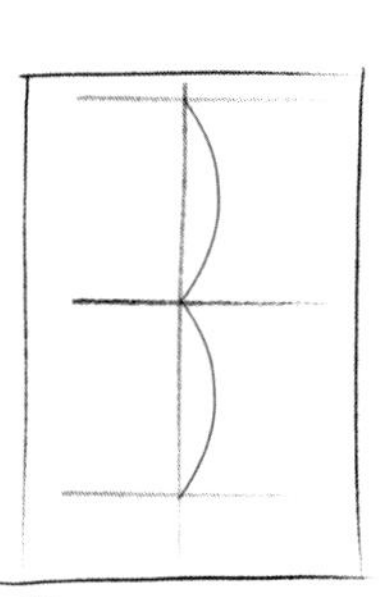

❸ 在二等分的正中间画横线。

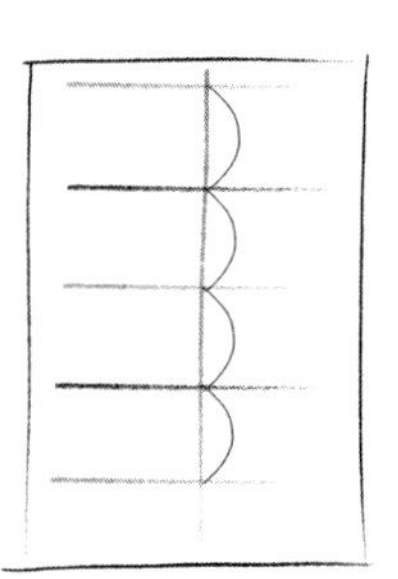

❹ 二等分之后平均分为四等分，在平均分开的地方画上横线。

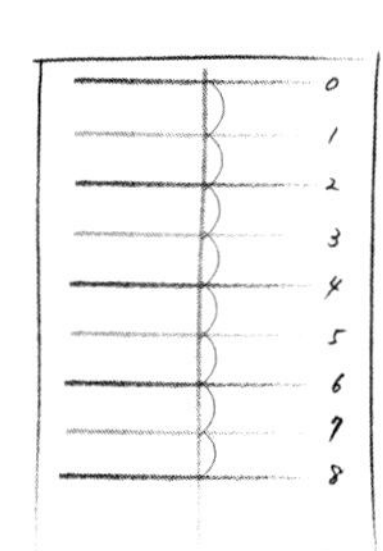

❺ 在之间等分的地方画横线，从上面开始标注号码。

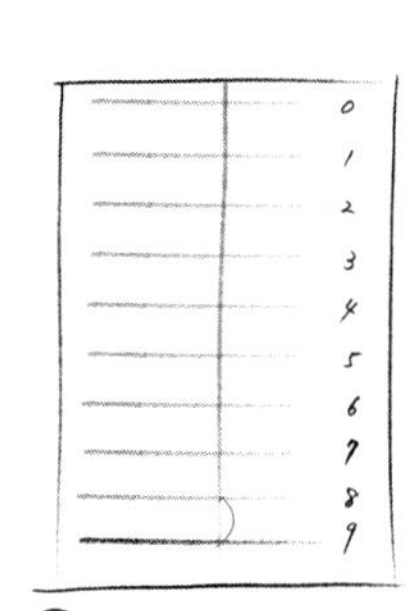

❻ 9头身的情况，在下面加一条线就足够了。

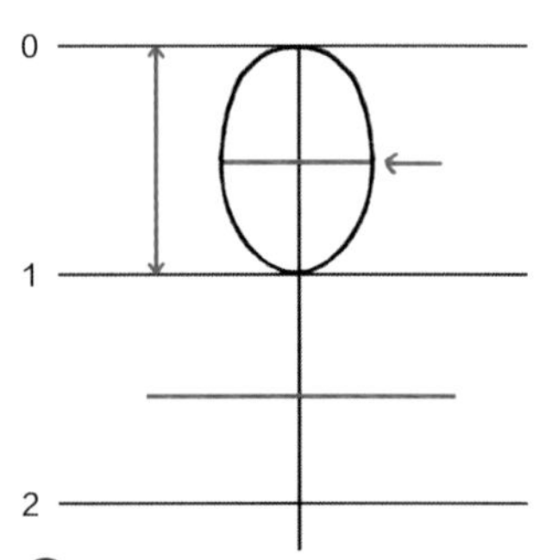

❶ 0～1之间是脸。1～2的1/2处是肩膀的位置。头部长度的2/3是宽度。

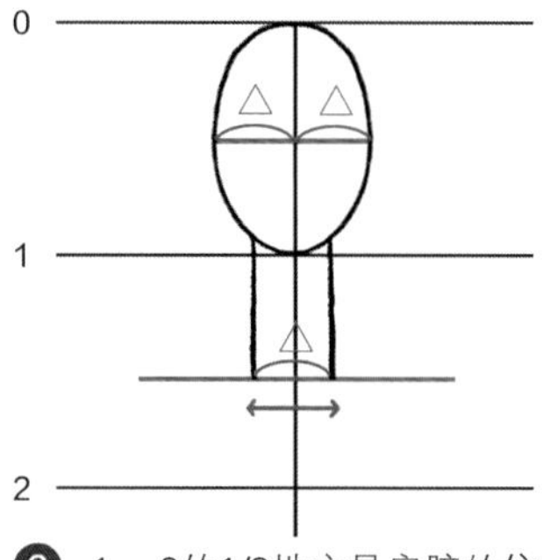

❷ 1～2的1/2地方是肩膀的位置。头部宽度的1/2是颈的宽度。

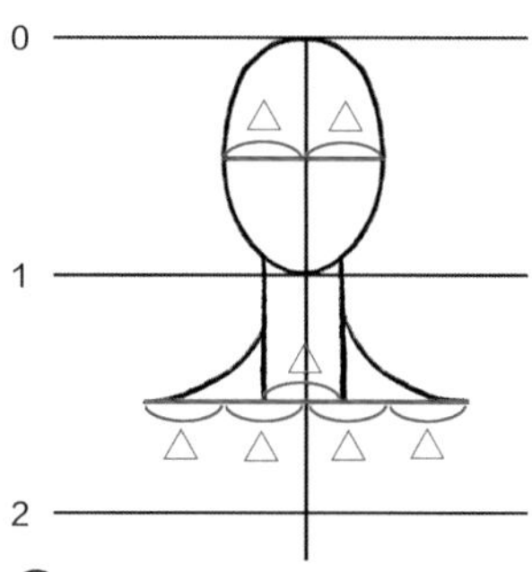

❸ 纠正一下肩部的线条。肩部宽度是头部宽度×2。

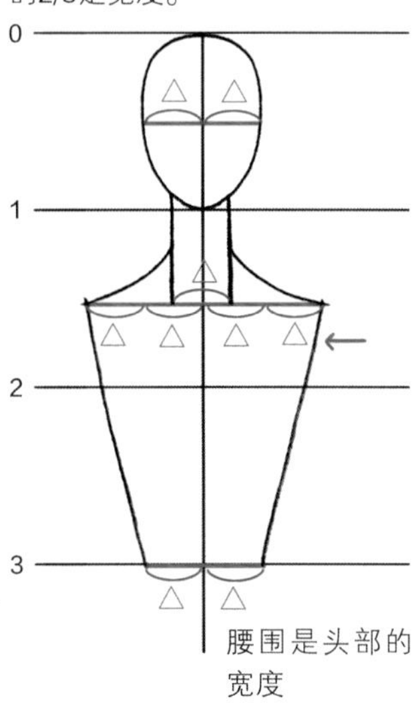

❹ 将从2的肩宽到3的腰部位置连接起来。

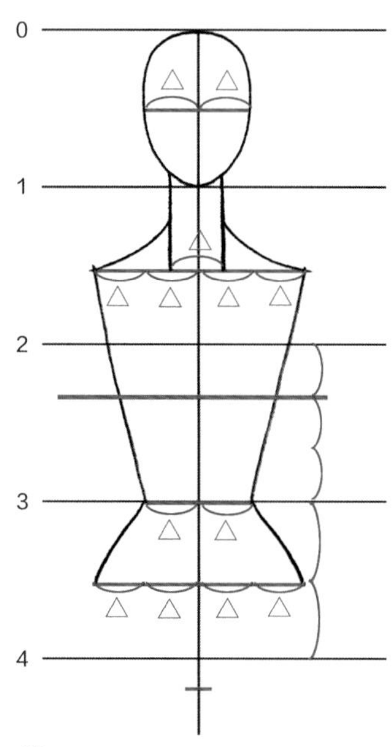

❺ 2～3的1/3是胸部的位置，3～4的1/2是臀部。将腰部到臀部连接起来。

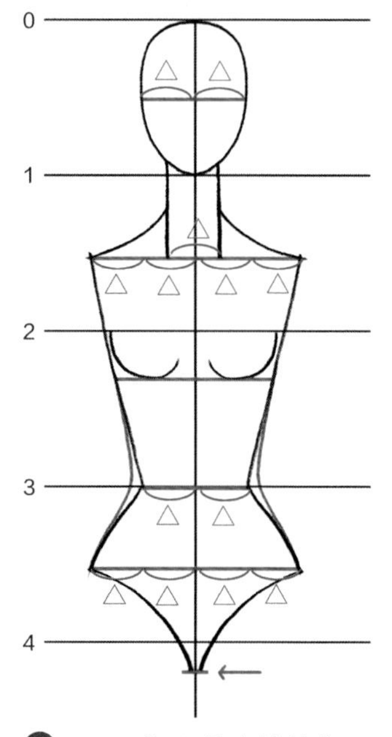

❻ 4～5的1/5是立裆的位置。在臀部到立裆的位置画出腿的基线，调整腰部。

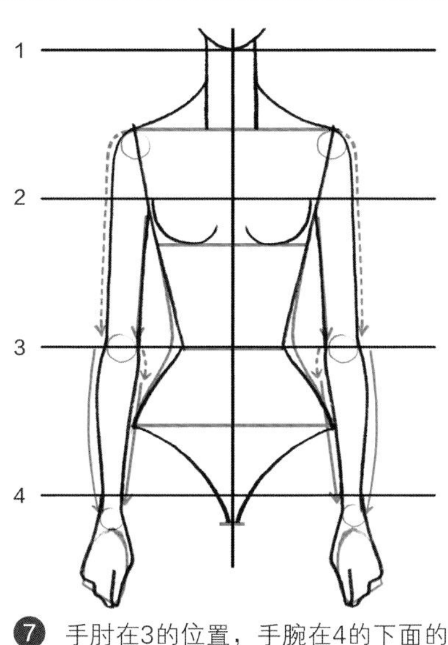

根据肩膀处的圆形画出肩膀的圆润度，并延伸至手肘处。

从肘部向手腕，内侧是笔直的，外侧是曲线型的。

手画成半椭圆形的形状。

❼ 手肘在3的位置，手腕在4的下面的位置。

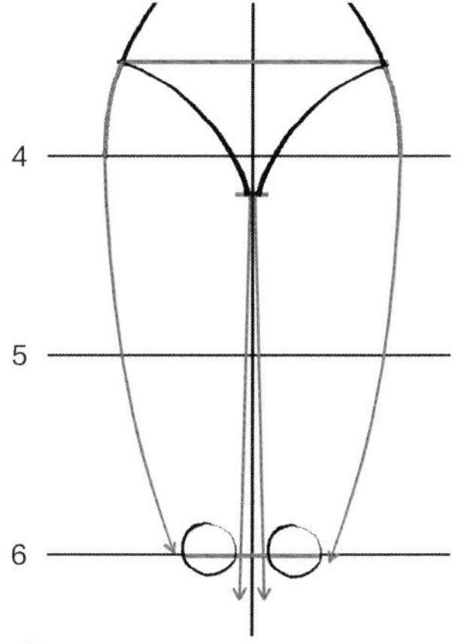

❼ 从臀部开始到6的位置，内侧用直线，外侧轻轻画出一个大圆。

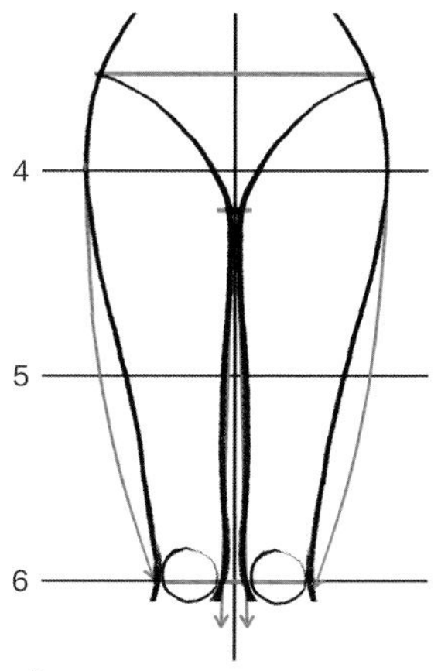

❽ 4～5之间的外侧留着圆形，5～6之间用直线描画，内侧在5～6的位置画直线时稍微弯向内侧。

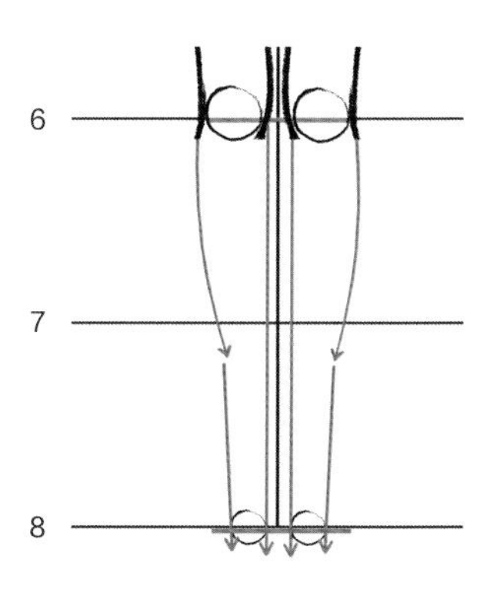

❿ 6～8为止，内侧是直线，外侧6～7为止为曲线，7～8是笔直的。

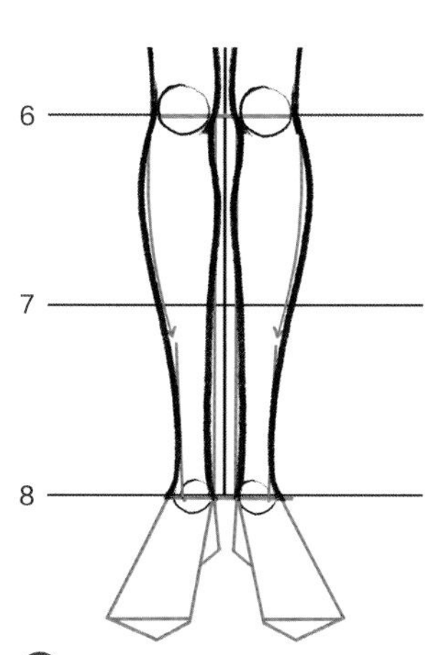

⓫ 脚画成梯形的形状，脚后跟和脚尖的部分处理成三角形。

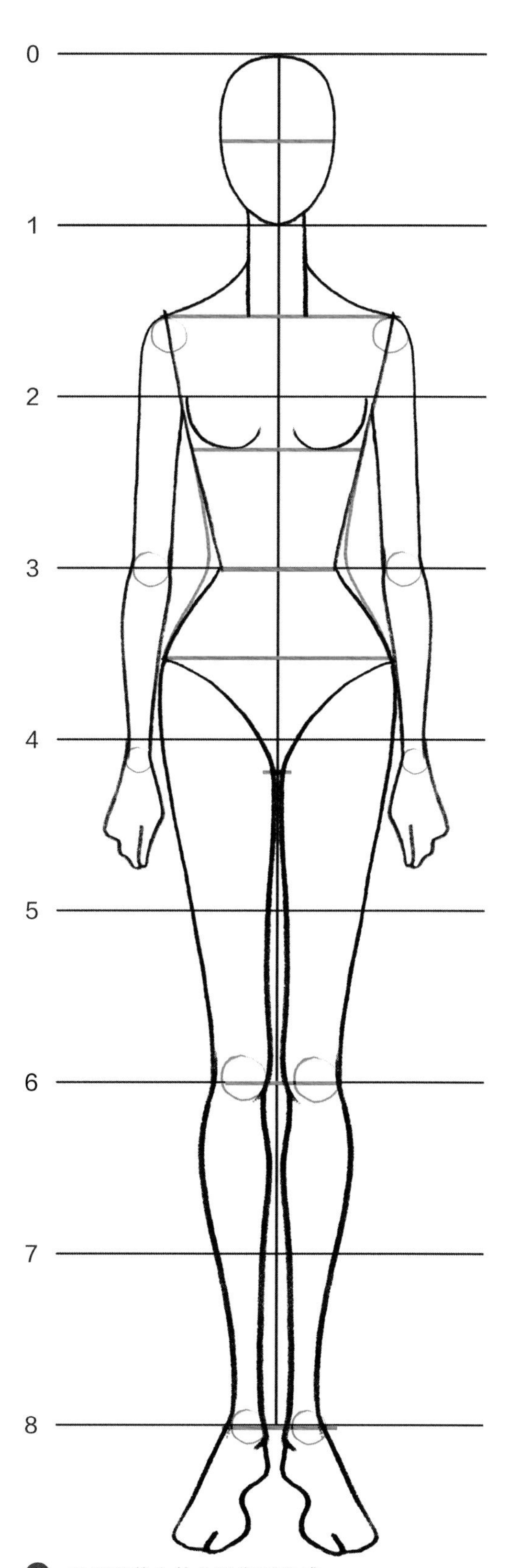

⓬ 最后调整全体的平衡后完成。

比例（男性）

配合纸张的尺寸，取得完美的平衡下，画一条8.5头身的基本线。

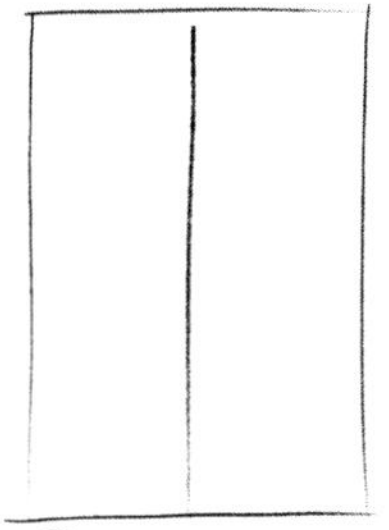

❶ 纵向轻轻画一条中心线。

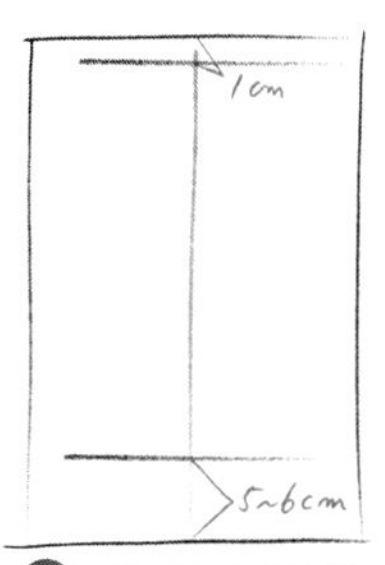

❷ 从上面1厘米，从下面5～6厘米的地方画横线。

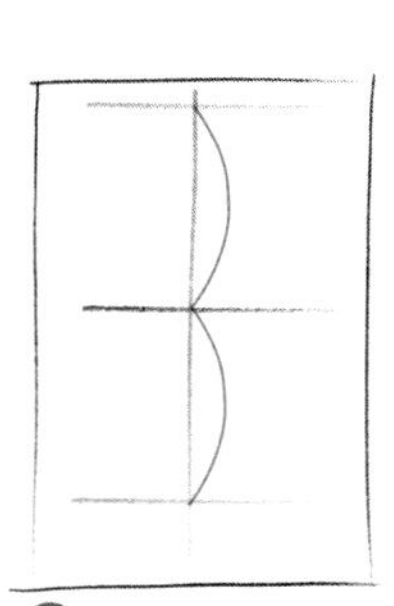

❸ 二等分的正中间画横线。

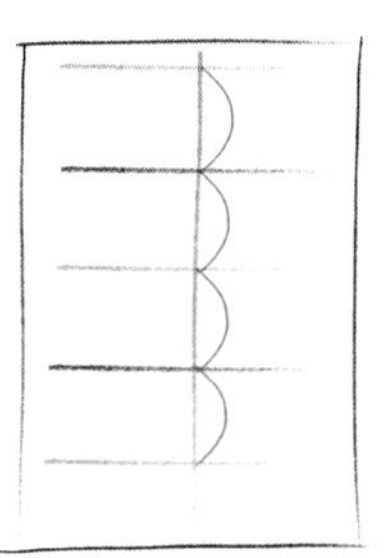

❹ 二等分之后平均分为四等分，在平均分开的地方画上横线。

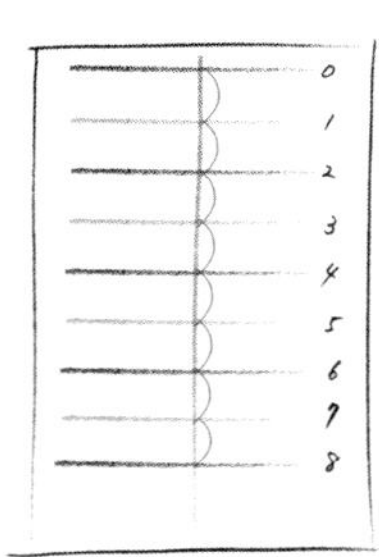

❺ 在之间等分的地方画横线，从上面开始标注号码。

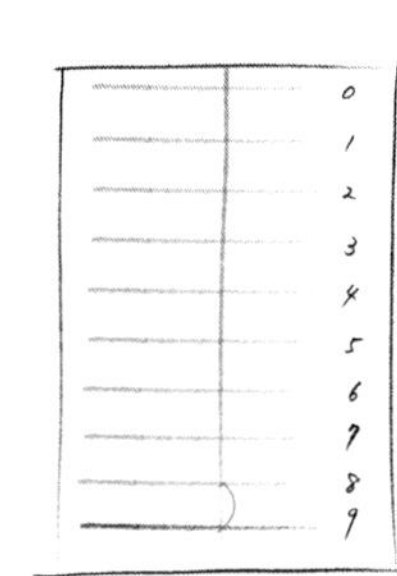

❻ 9头身的情况，在下面加一条线就足够了。

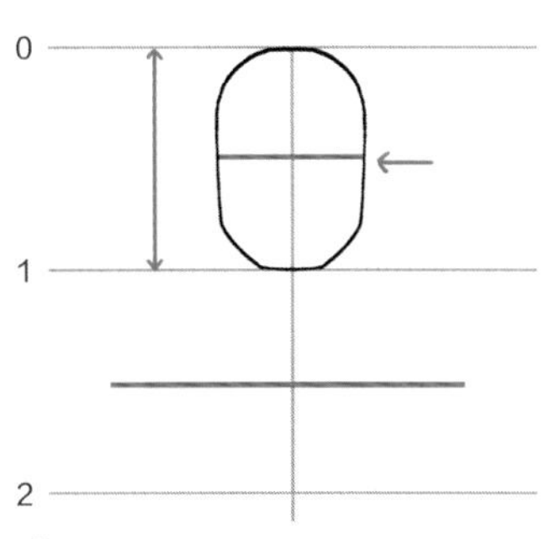

❶ 0～1之间是脸。1～2的1/2处是肩膀的位置。头部长度的2/3是头部宽度。

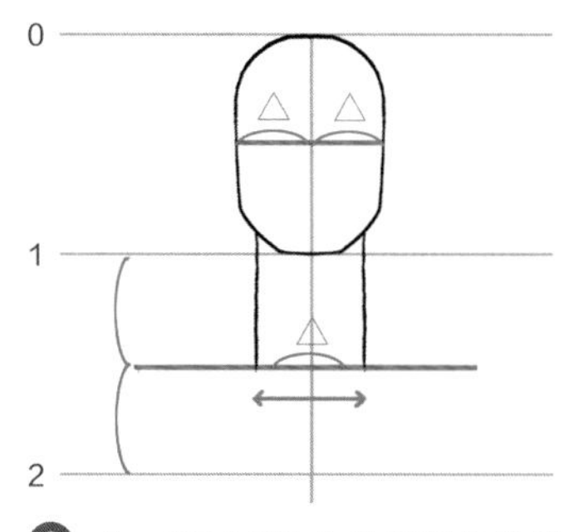

❷ 1～2的1/2地方是肩膀的位置。颈的宽度比头部宽度略小一些。

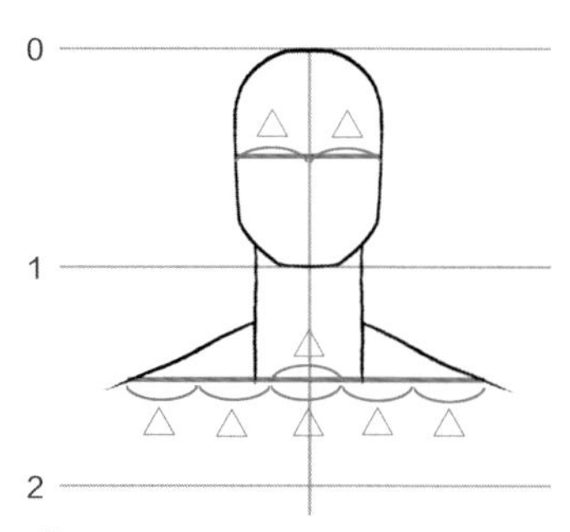

❸ 纠正一下肩部的线条。肩部宽度是头部宽度的1/2×5。

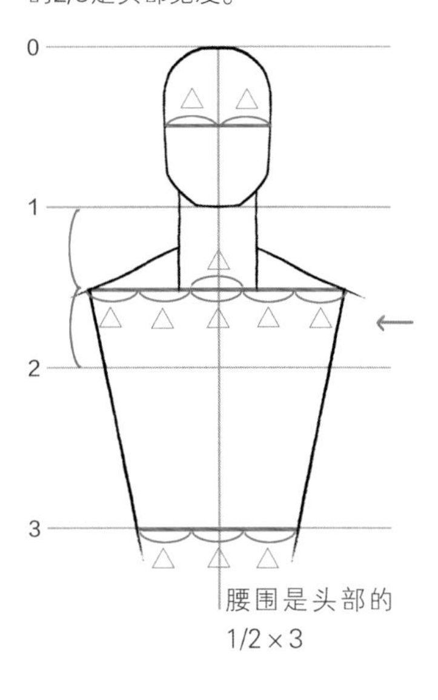

❹ 将从2的肩宽到3的腰部位置连接起来。

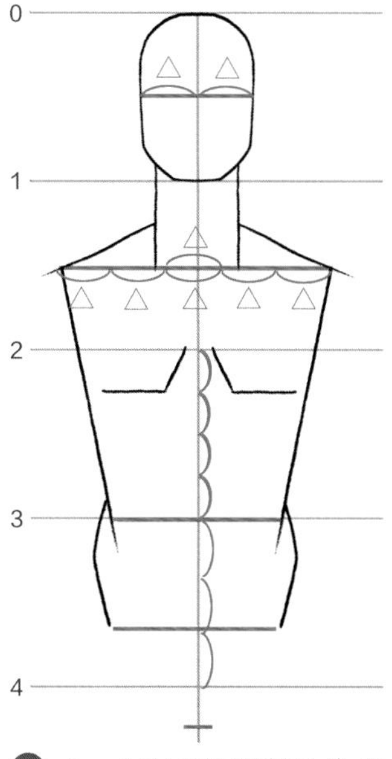

❺ 2～3的1/4是胸部的位置，3～4的2/3是腰部肌肉的位置。确认腰部肌肉的位置。

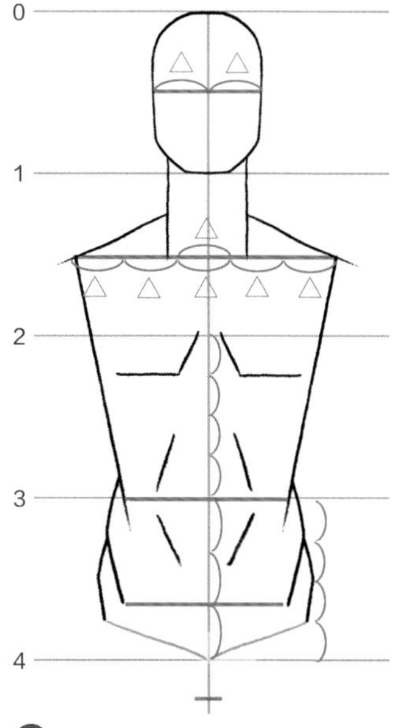

❻ 在臀部到裆的位置画出腿的基线。3～4的2/4是臀部。

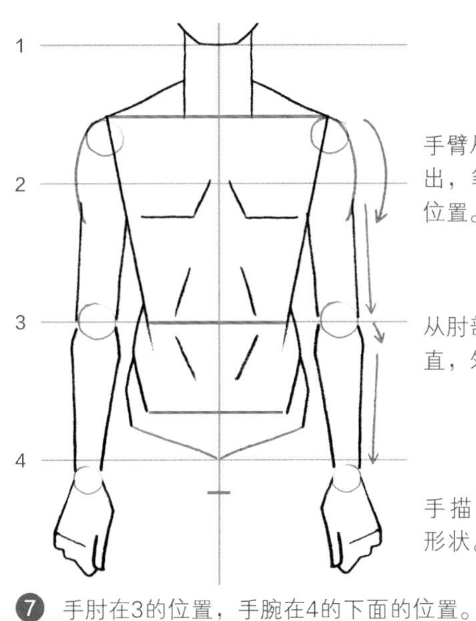

手臂从肩膀的圆形处伸出，笔直伸到3的肘的位置。

从肘部向手腕，内侧笔直，外侧曲线型。

手描绘成半椭圆形的形状。

❼ 手肘在3的位置，手腕在4的下面的位置。

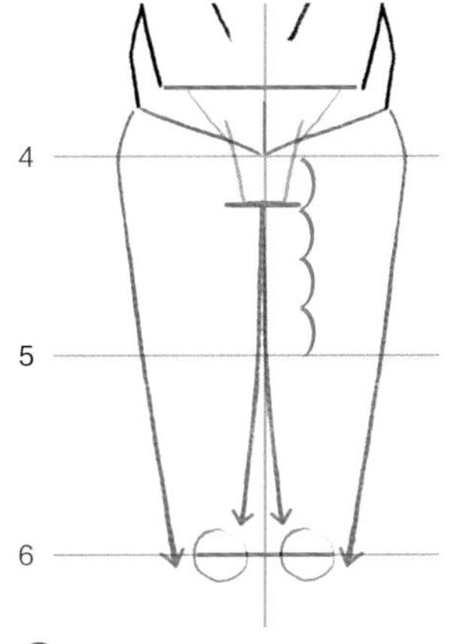

❽ 从腹股沟开始到6的位置，内侧是直线，外侧轻轻画出一个大圆。4 ~5的1/5是裆部的位置。

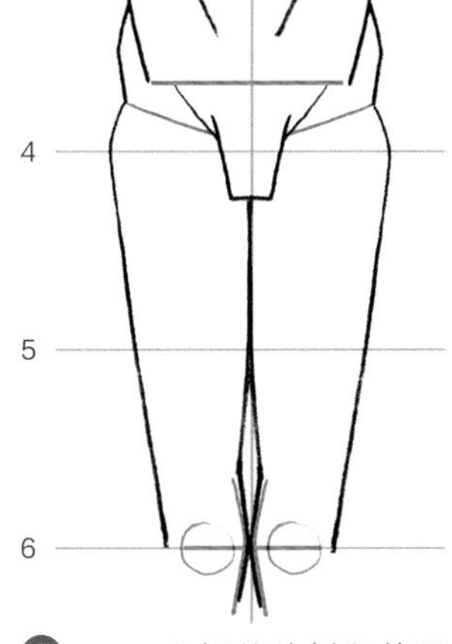

❾ 4 ~5之间的外侧留着圆形，5 ~6之间用直线描画，内侧在5 ~6的位置画直线时稍微弯向内侧。

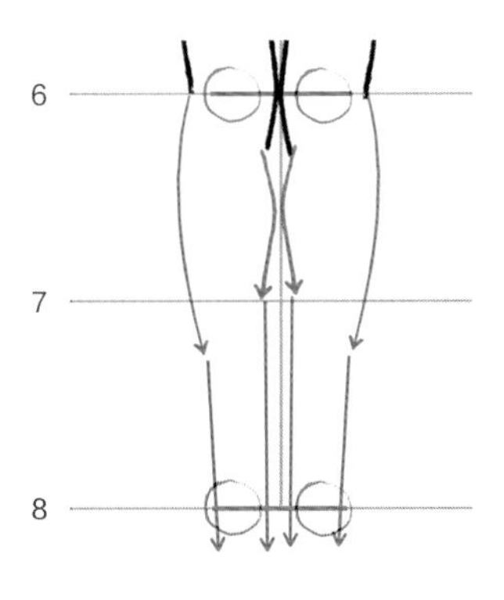

❿ 6 ~8为止，内侧是直线，外侧6 ~7为止为曲线，7 ~8为止是笔直的。

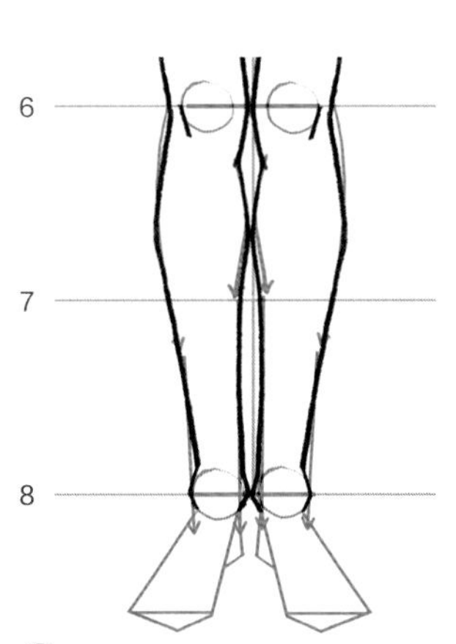

⓫ 脚画成梯形的形状，脚后跟和脚尖的部分处理成三角的形状。

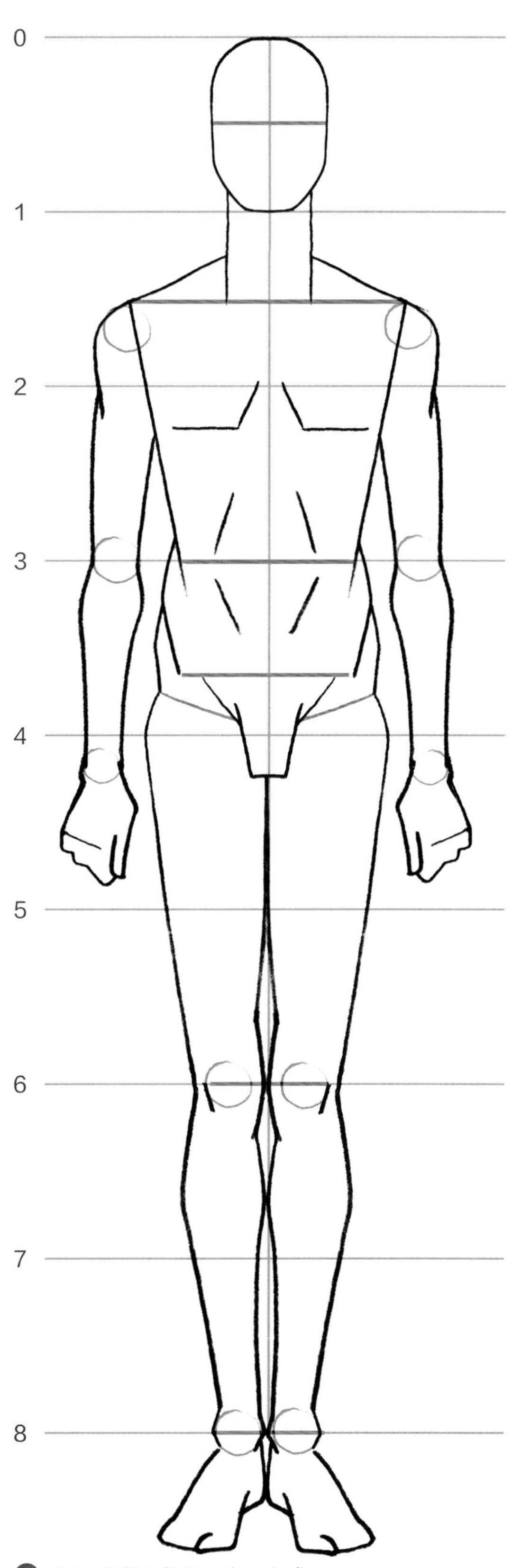

⓬ 最后调整全体的平衡后完成。

重心在一条腿上的正面姿势（女性）

重心就是支撑身体的重量或力量的点，人在放松下来的时候就会很自然地变成单脚支撑体重的姿势。体重移向一只脚的时候，体重增加的那一边的腰部会拱起，肩部会下降。重心在哪里，在哪里取得平衡，这点很重要。

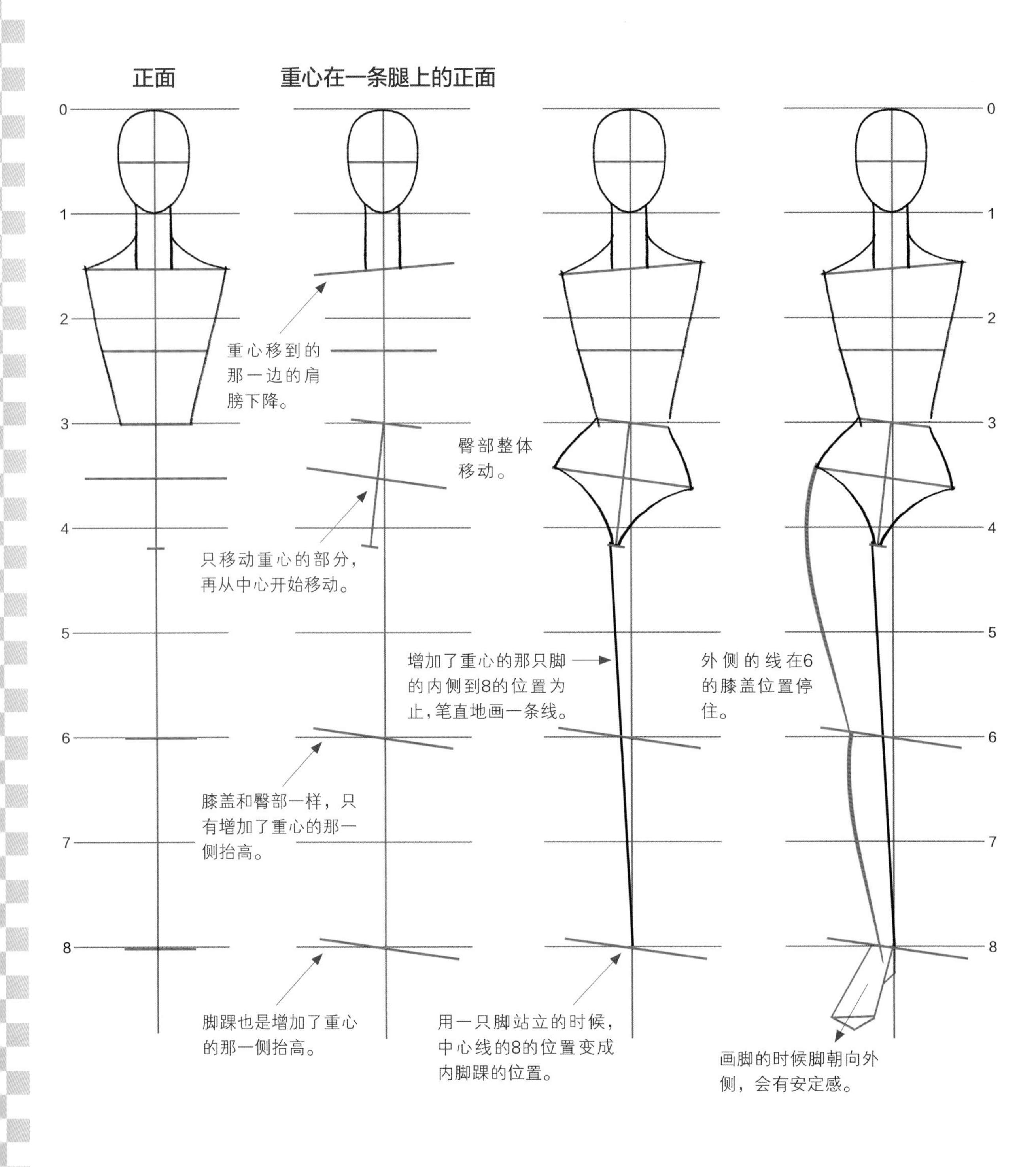

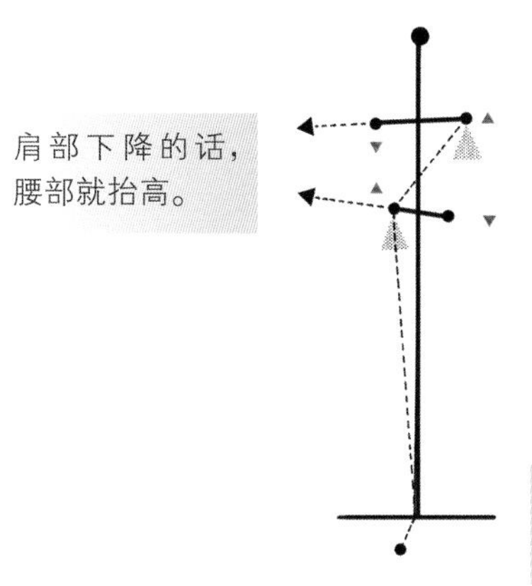
肩部下降的话，
腰部就抬高。
支撑体重的脚的脚踝回到
中心线位置。

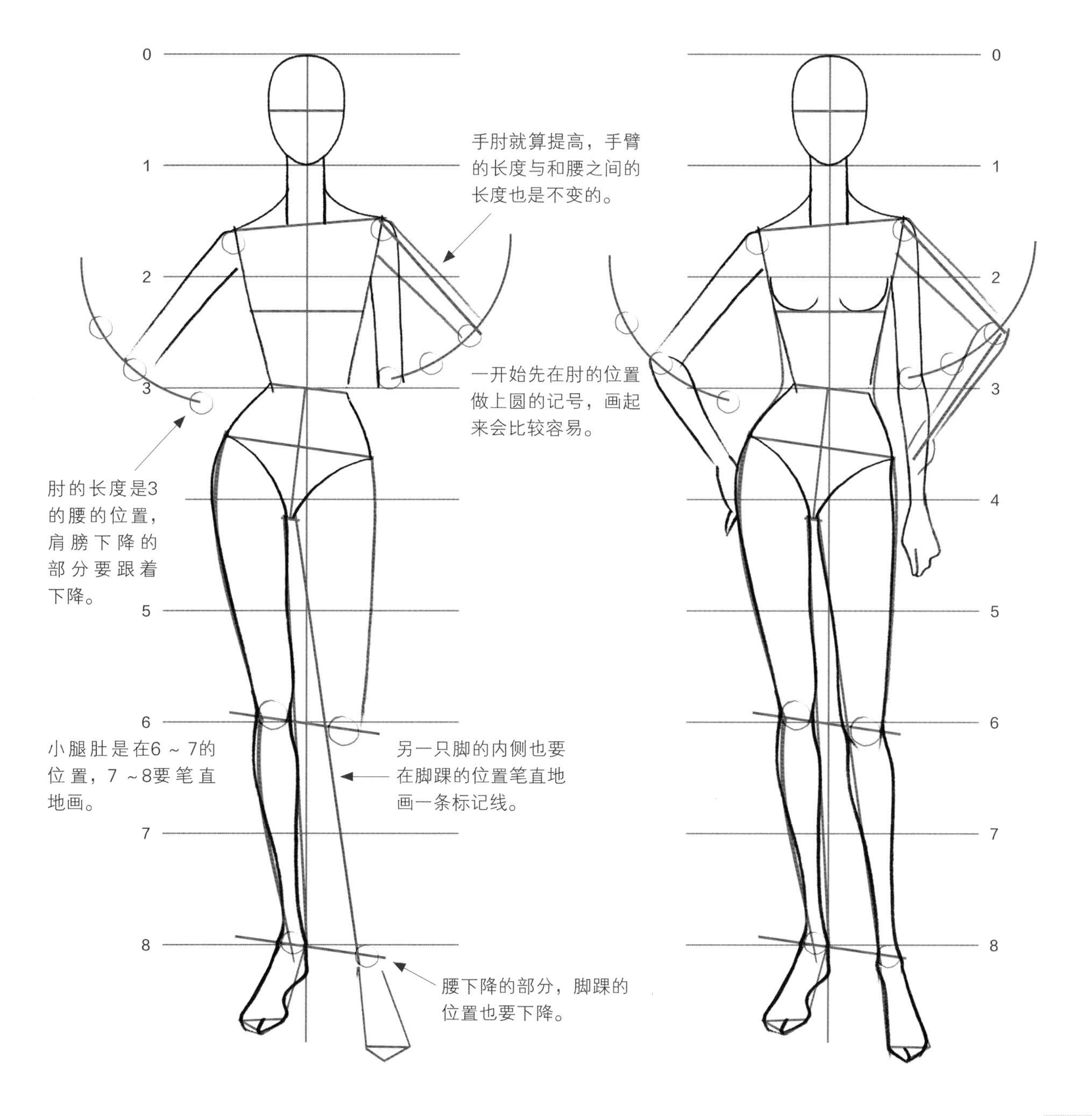
0
1
2
3
4
5
6
7
8
手肘就算提高，手臂
的长度与和腰之间的
长度也是不变的。
一开始先在肘的位置
做上圆的记号，画起
来会比较容易。
肘的长度是3
的腰的位置，
肩膀下降的
部分要跟着
下降。
小腿肚是在6 ~ 7的
位置，7 ~8要笔直
地画。
另一只脚的内侧也要
在脚踝的位置笔直地
画一条标记线。
腰下降的部分，脚踝的
位置也要下降。

重心在一条腿上的正面姿势（男性）

男性和女性一样，肩膀、腰部的位置，重心在哪里，就要在哪里取得平衡，这点很重要。

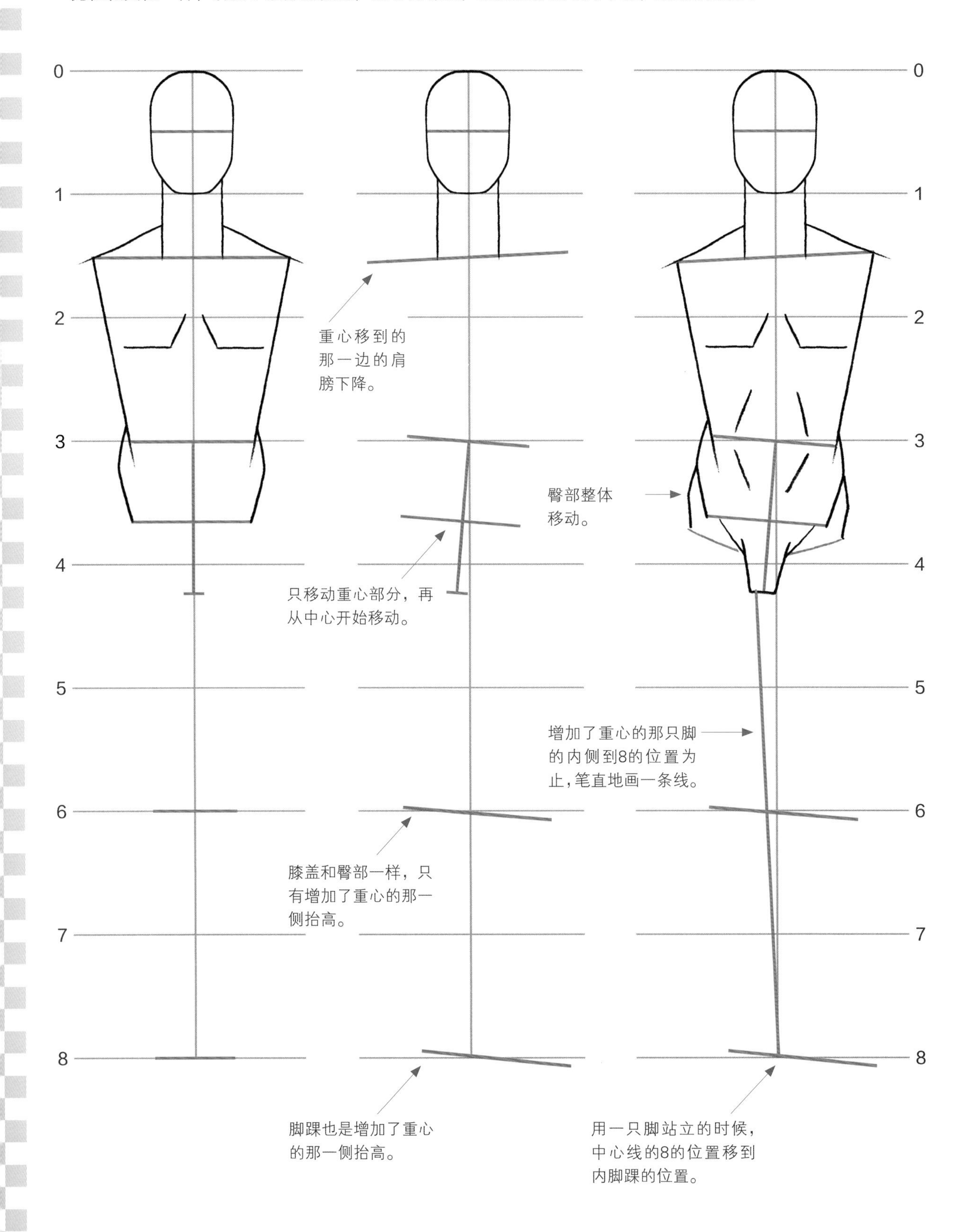

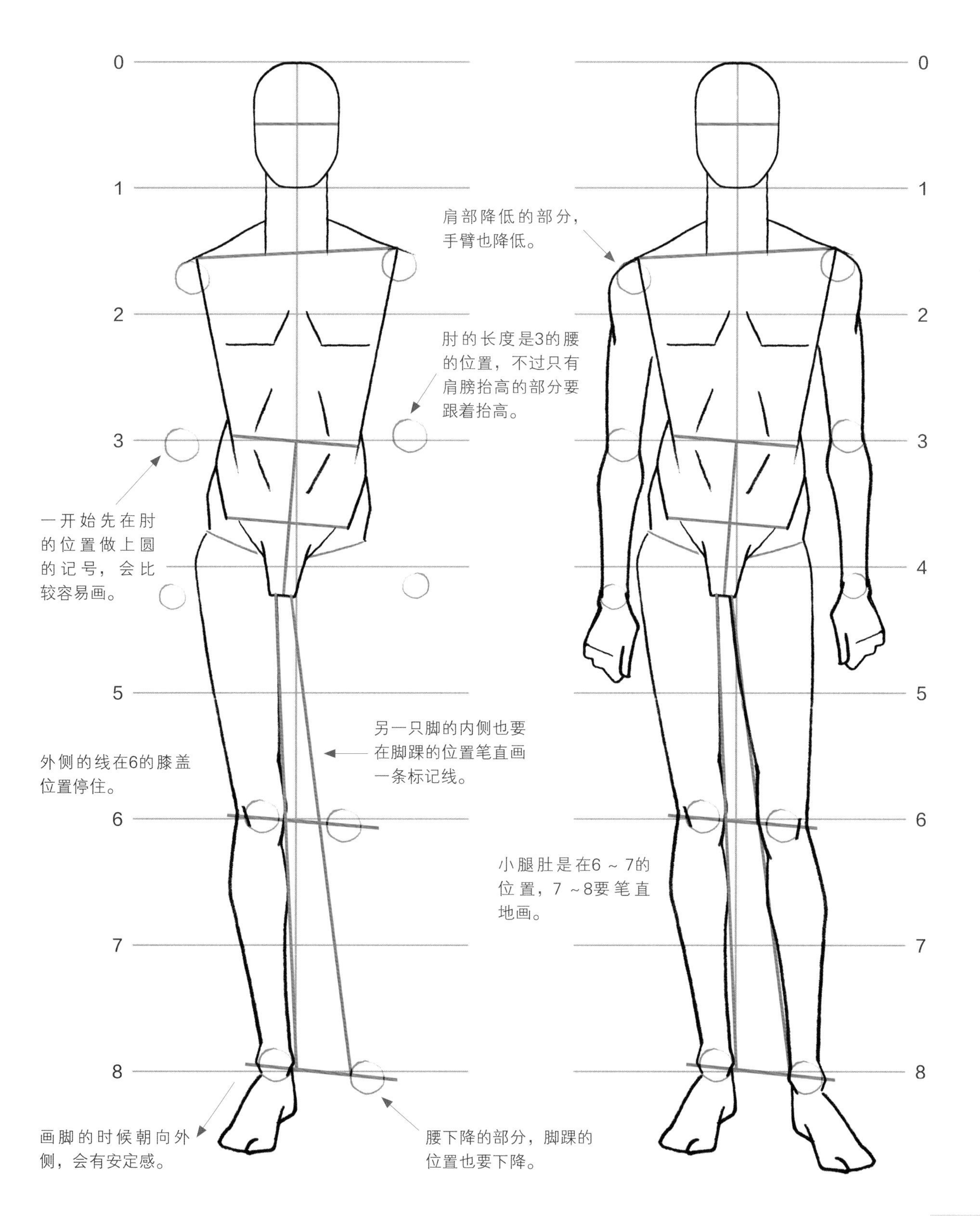
0
1
2
3
4
5
6
7
8
肩部降低的部分，
手臂也降低。
肘的长度是3的腰
的位置，不过只有
肩膀抬高的部分要
跟着抬高。
一开始先在肘
的位置做上圆
的记号，会比
较容易画。
另一只脚的内侧也要
在脚踝的位置笔直画
一条标记线。
外侧的线在6的膝盖
位置停住。
小腿肚是在6 ~ 7的
位置，7 ~8要笔直
地画。
画脚的时候朝向外
侧，会有安定感。
腰下降的部分，脚踝的
位置也要下降。

重心在一条腿上的斜向姿势（女性）

整个身体倾斜，中心大幅移动。哪只脚支撑着身体，肩膀和腰部也会有很大动作。支撑身体的轴心脚的内脚踝一定会回到身体的中心，这是一个特定的法则，可以轻松地捕捉到稳定的姿势。

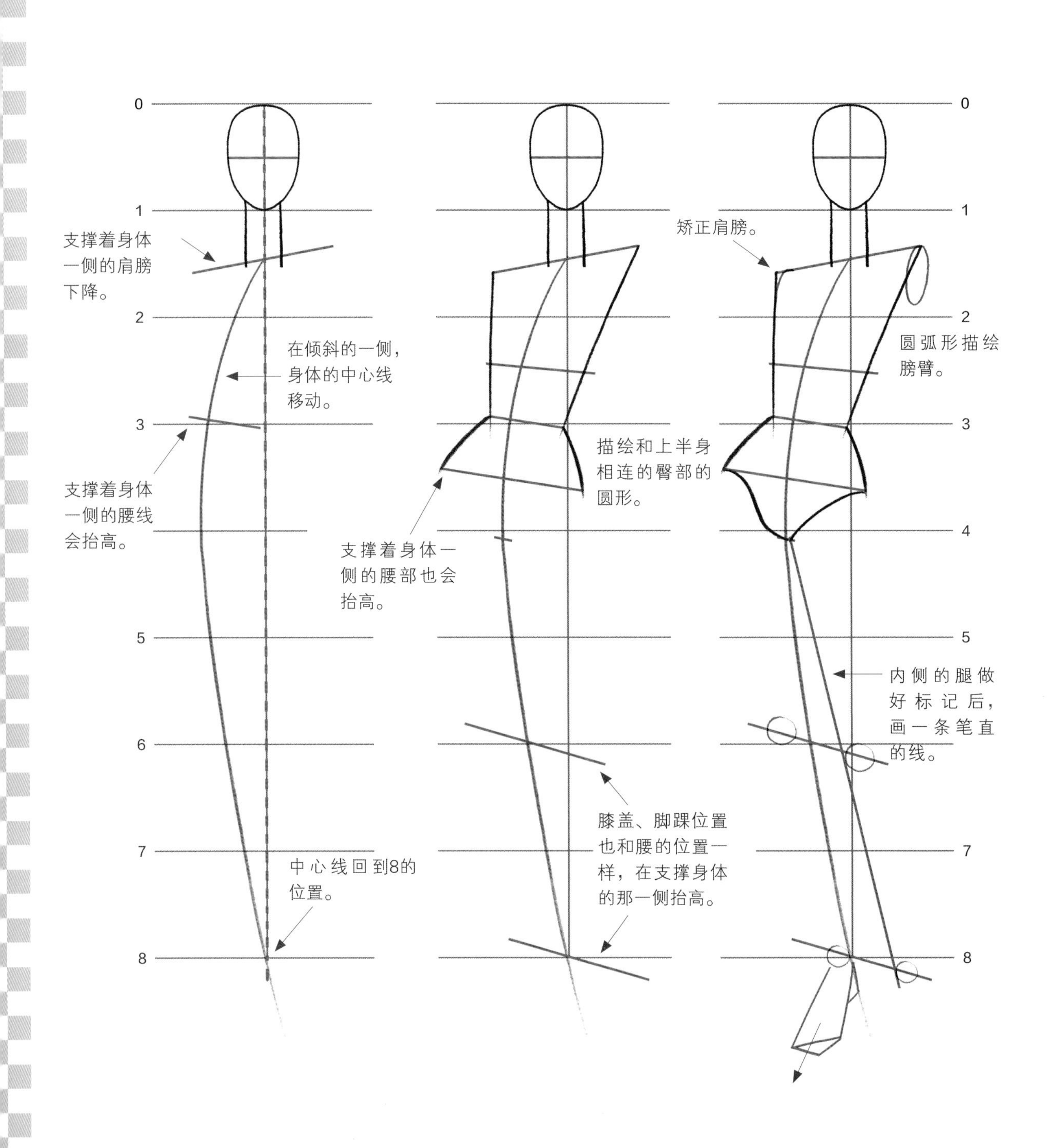

肩部降低的话，
腰部抬高。

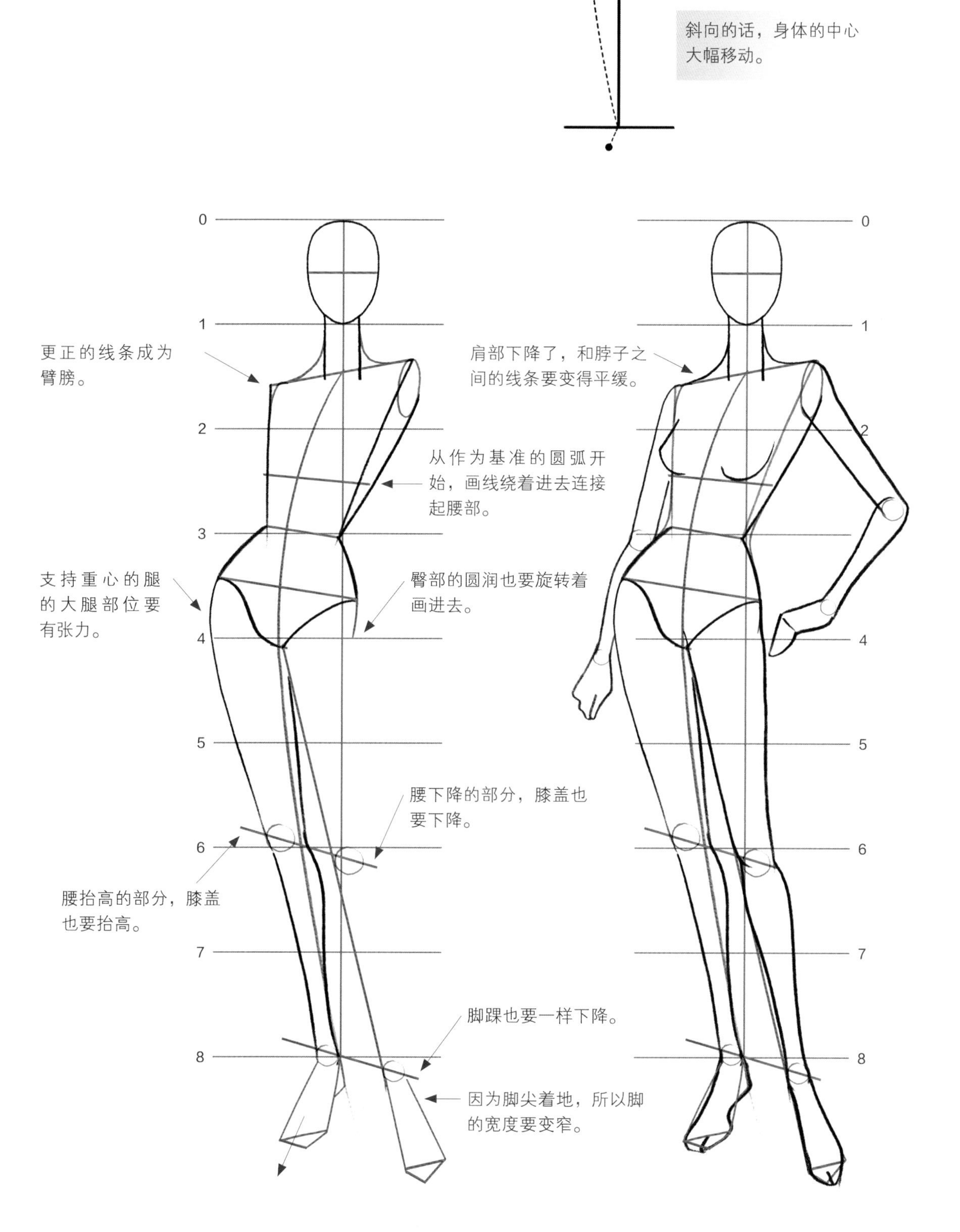
斜向的话，身体的中心
大幅移动。
更正的线条成为
臂膀。
从作为基准的圆弧开
始，画线绕着进去连接
起腰部。
支持重心的腿
的大腿部位要
有张力。
臀部的圆润也要旋转着
画进去。
腰下降的部分，膝盖也
要下降。
腰抬高的部分，膝盖
也要抬高。
脚踝也要一样下降。
因为脚尖着地，所以脚
的宽度要变窄。
肩部下降了，和脖子之
间的线条要变得平缓。

重心在一条腿上的斜向姿势（男性）

男性和女性一样，支撑身体的轴心脚的内脚踝一定会回到身体的中心，这是一个特定的法则，可以轻松地捕捉到稳定的姿势。

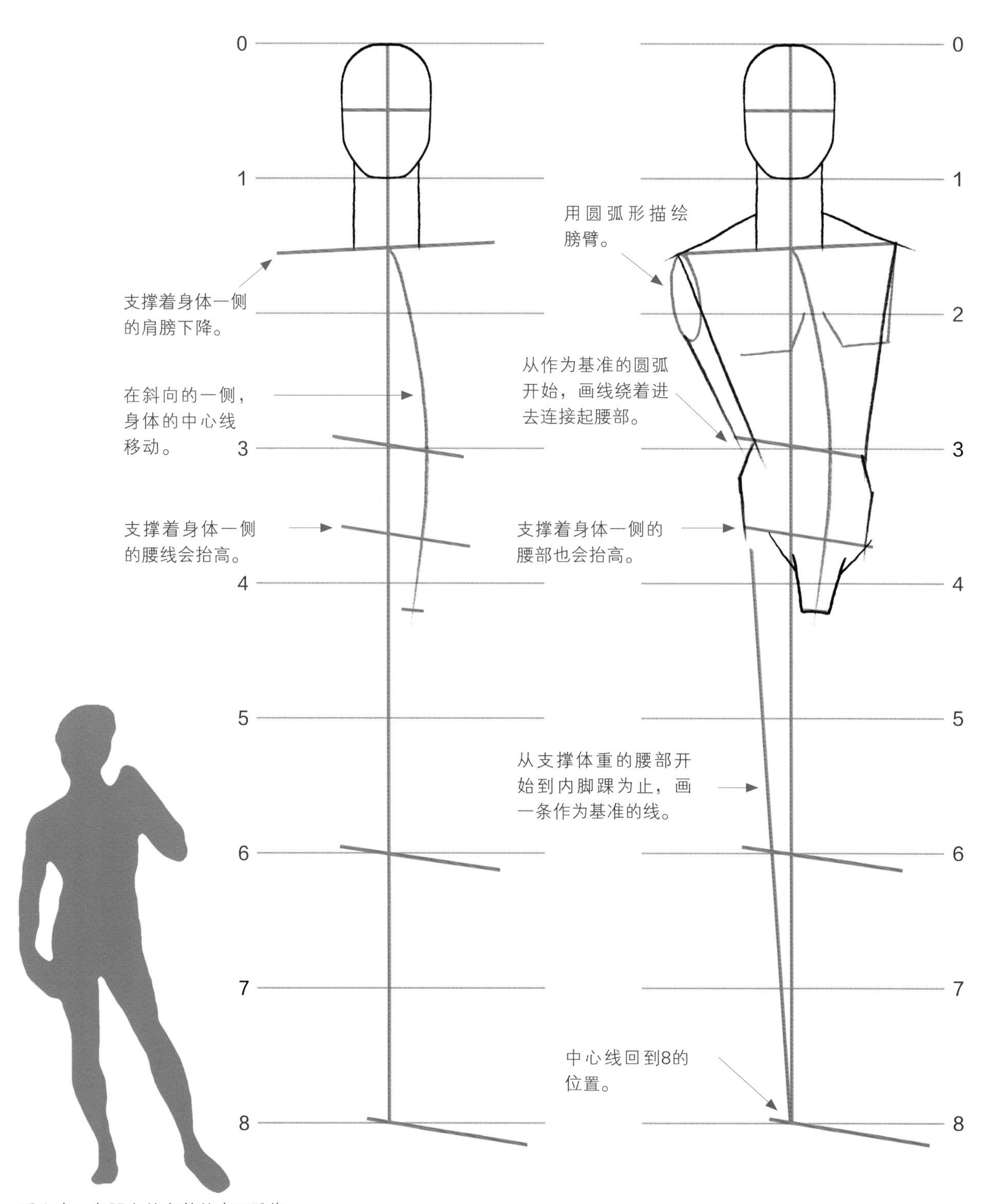

重心在一条腿上的完美的大卫雕像

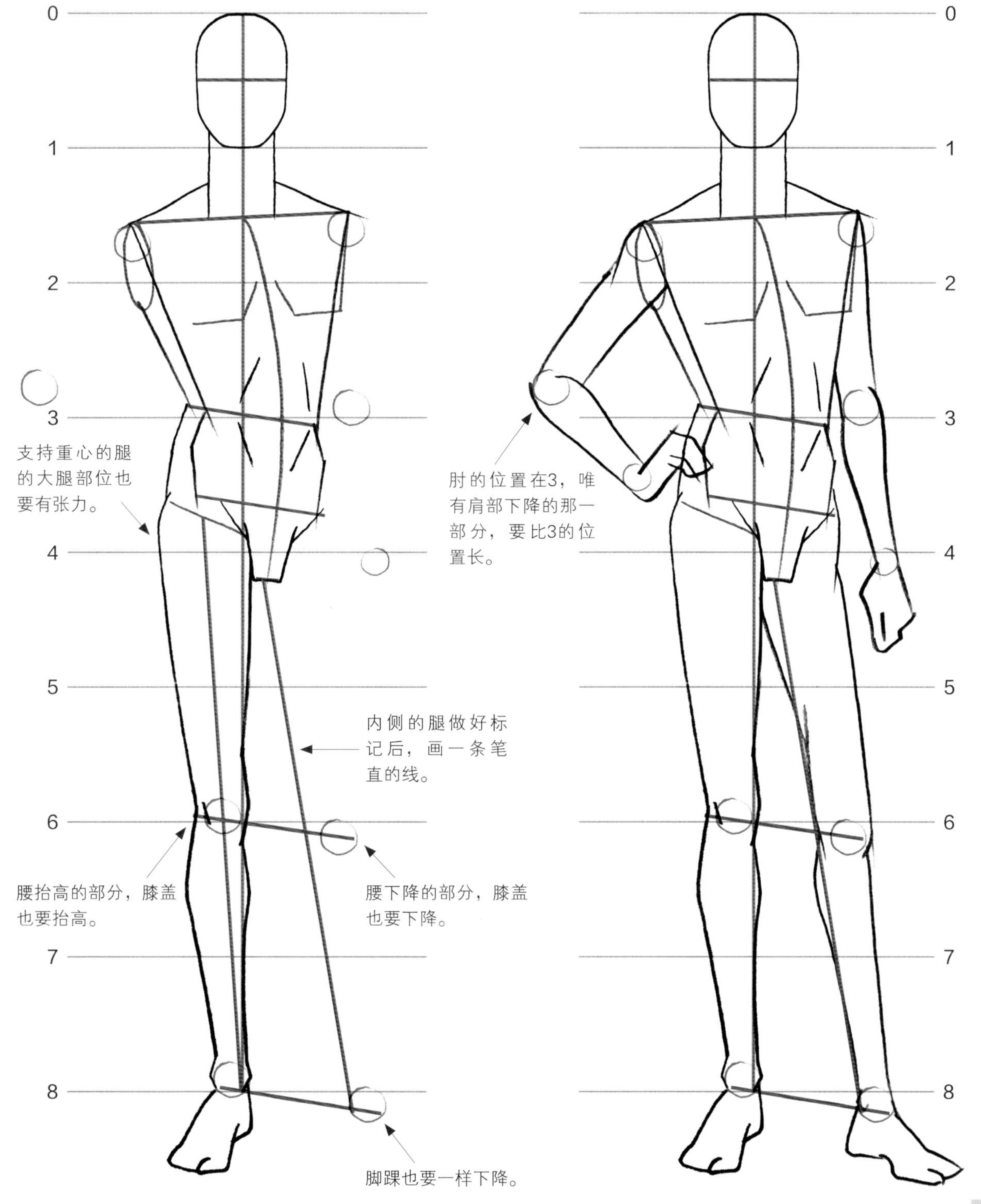

0
1
2
3
4
5
6
7
8
支持重心的腿
的大腿部位也
要有张力。
内侧的腿做好标
记后，画一条笔
直的线。
腰抬高的部分，膝盖
也要抬高。
腰下降的部分，膝盖
也要下降。
脚踝也要一样下降。
肘的位置在3，唯
有肩部下降的那一
部分，要比3的位
置长。

背面、侧面姿势(女性/男性)

背面姿势的平衡，和正面姿势的一样。一边注意头、臀部、手和脚的朝向一边描绘。侧面姿势的胸部会比较前倾，从腰部往下，重心是有点往后去的，所以要画出S形的线条。

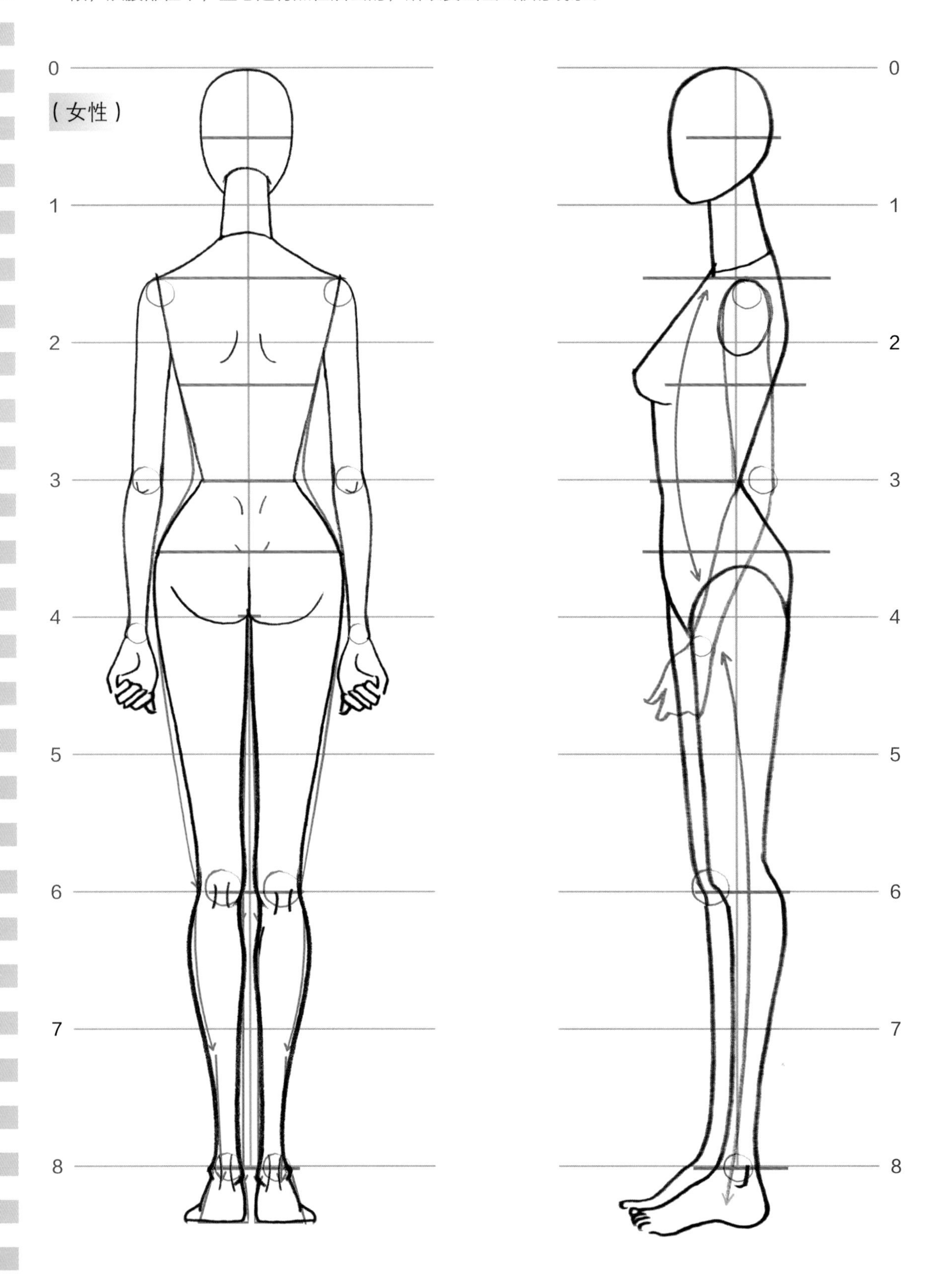

（男性）

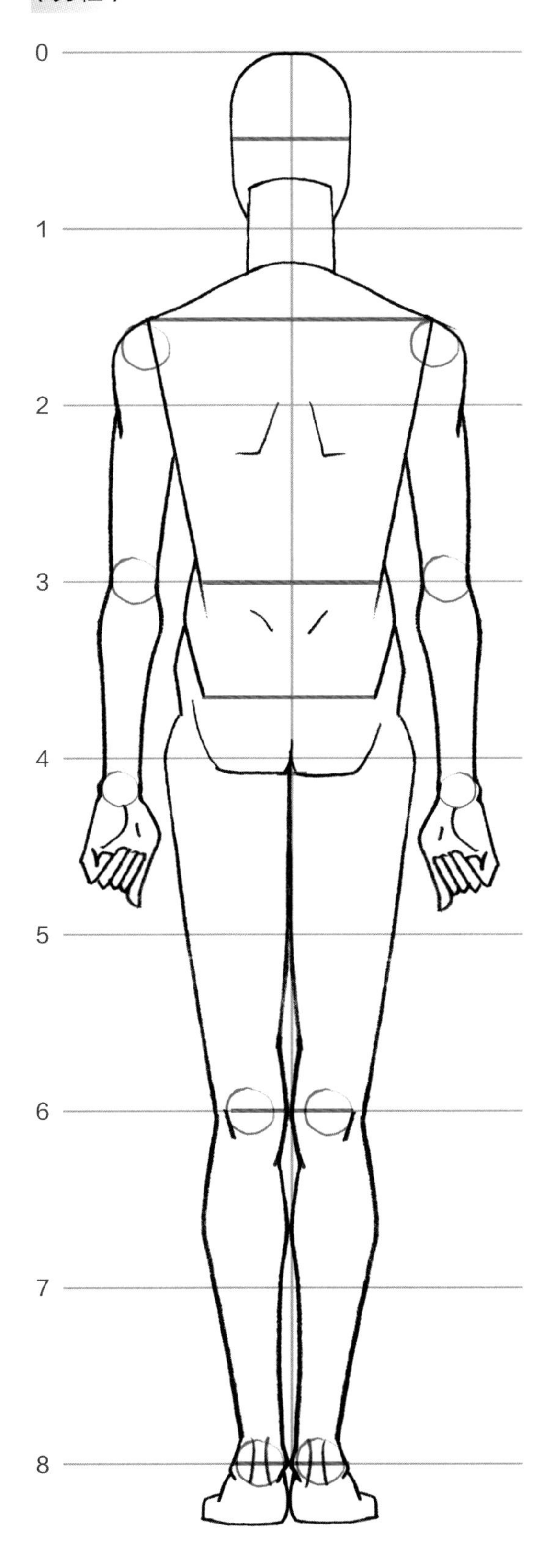

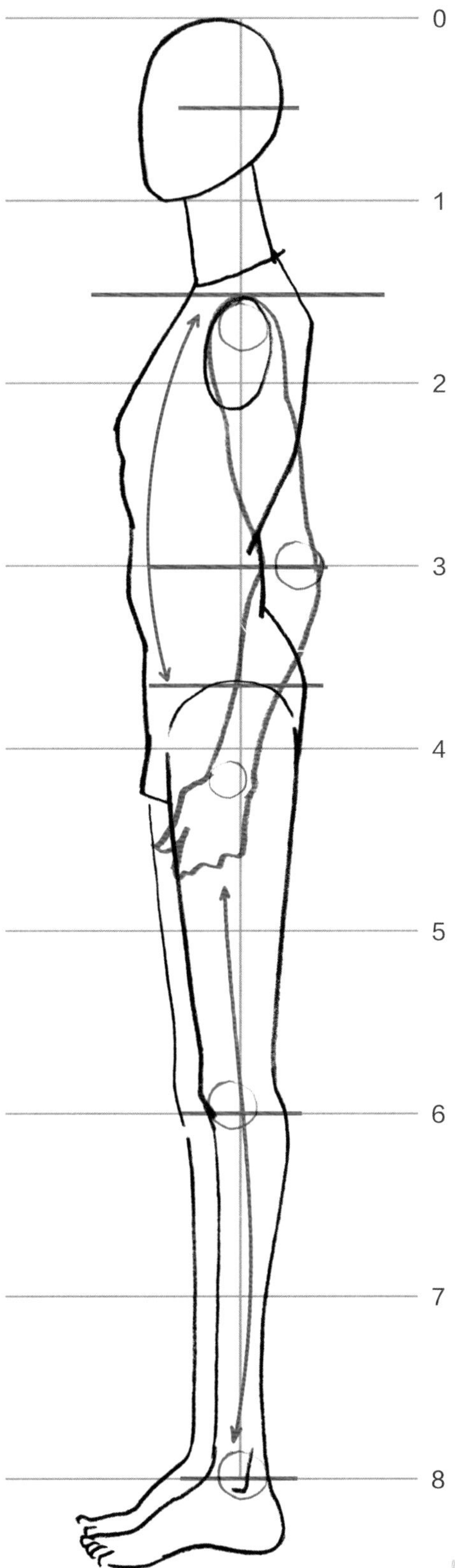

画脸

脸部虽然复杂，却是左右对称的，更换成简单的图形，一边确定位置一边画，就很容易把握。

倒三角形的形状

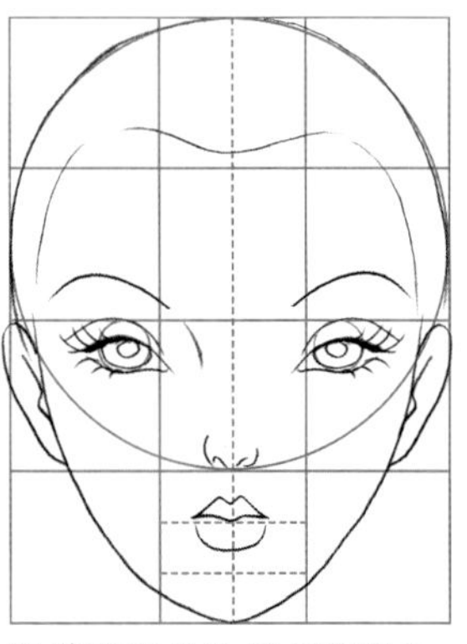

眼睛和下巴的线条要窄化，嘴要画得小。

基本的平衡

四角形的平衡

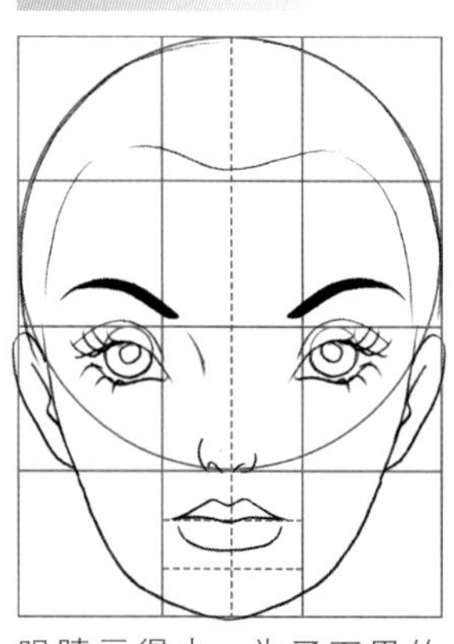

眼睛画得大，为了下巴的线条有张力，嘴要画得大。

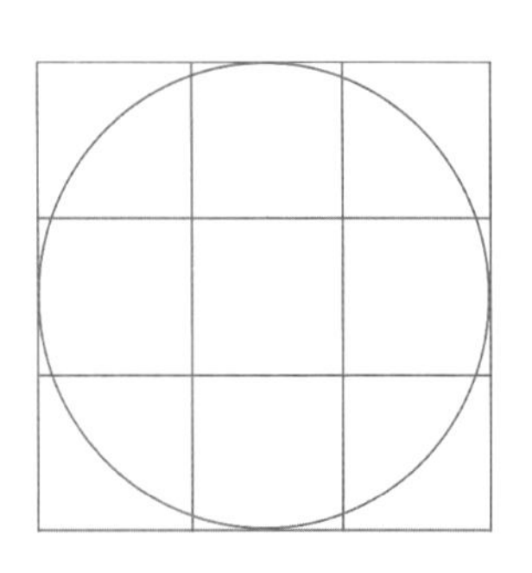

1 正方形的长和宽三等分，画一个大圆。

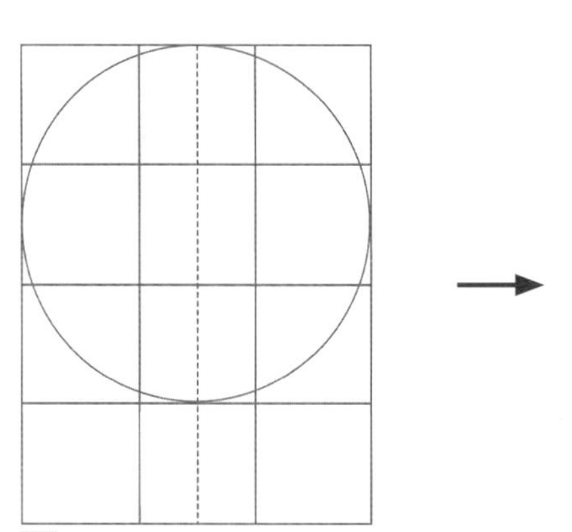

2 下方加一行，画一条竖的中心线。

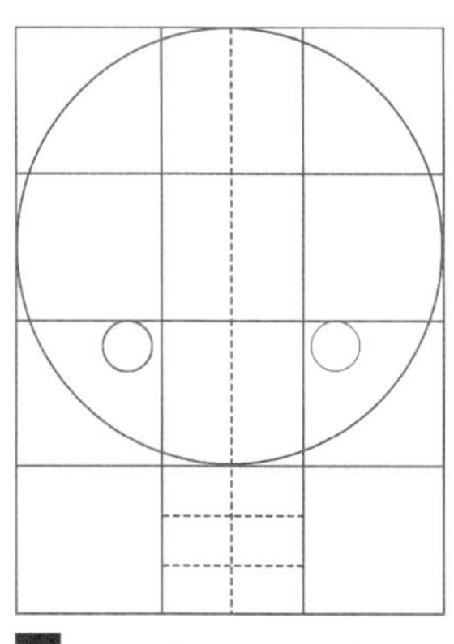

3 1/2处下面是眼睛的位置，把最下方正中的正方形三等分。

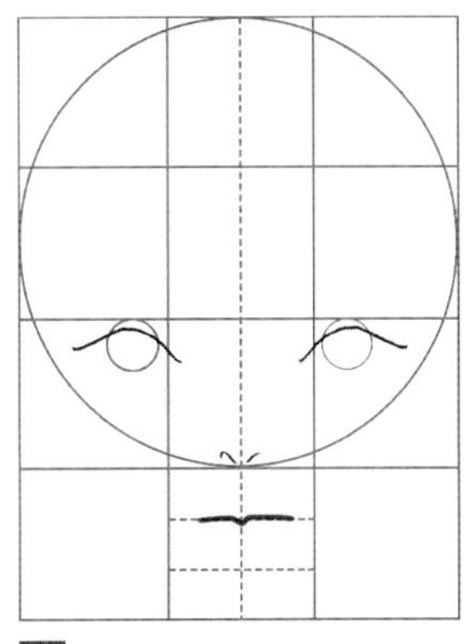

4 在三等分的第一等分中心处画嘴，在最下面当中这个正方形的上边中点处画鼻尖。

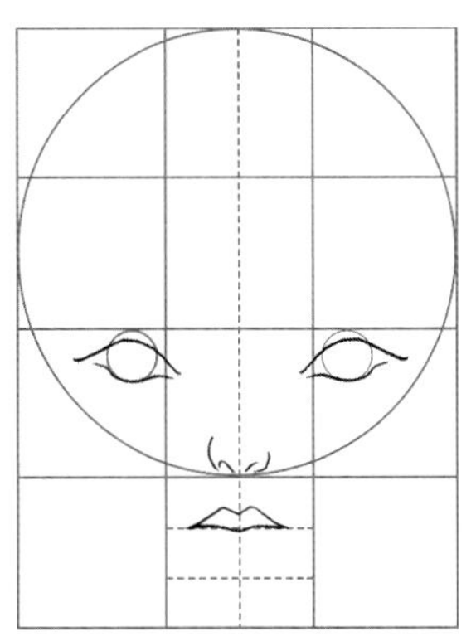

5 配合上眼睑画下眼睑，加上上唇和鼻子。

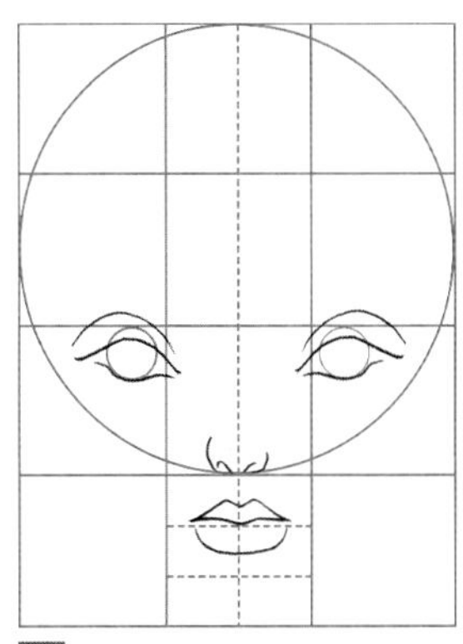

6 上眼睑的上方，加上两根线。下唇要画得比上唇厚。

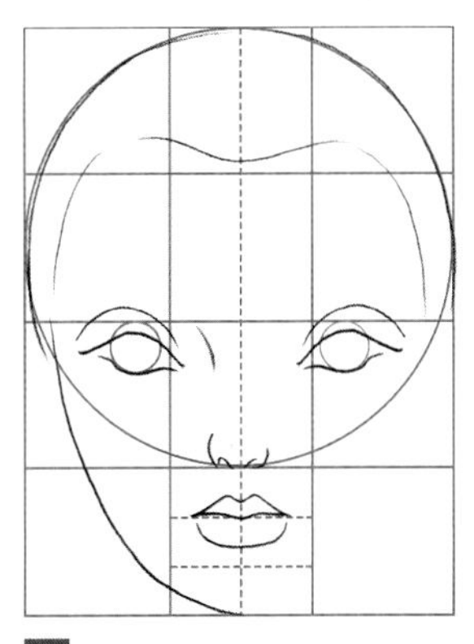

7 沿着圆，画出头部的轮廓，留出耳朵的宽度，描绘出脸的轮廓。

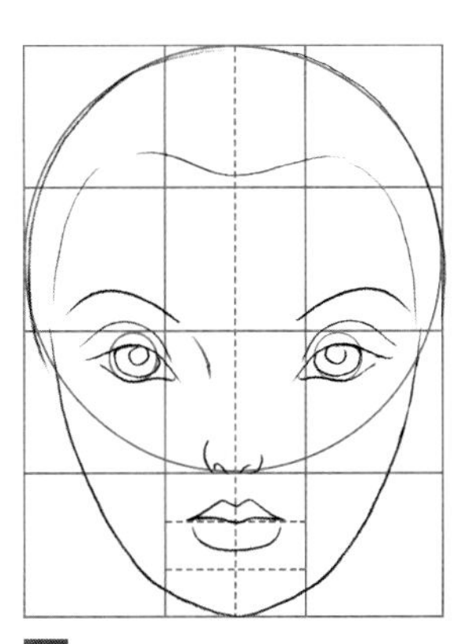

8 加上瞳孔，画上睫毛。眉毛的眉梢要画得上扬，这样有收紧感。

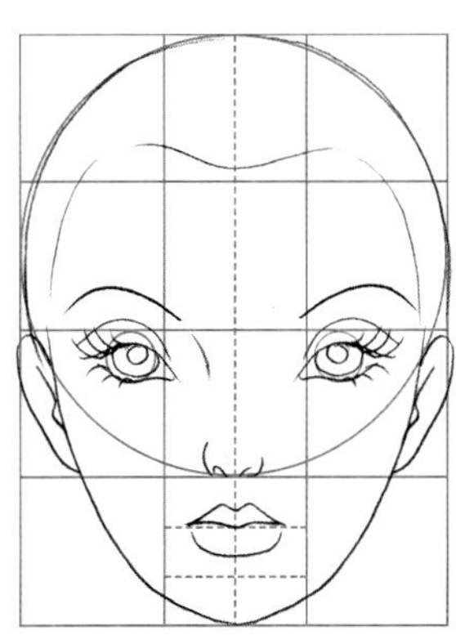

9 在从眼睛到鼻子的位置上画上耳朵后完成。

朝向上方的脸

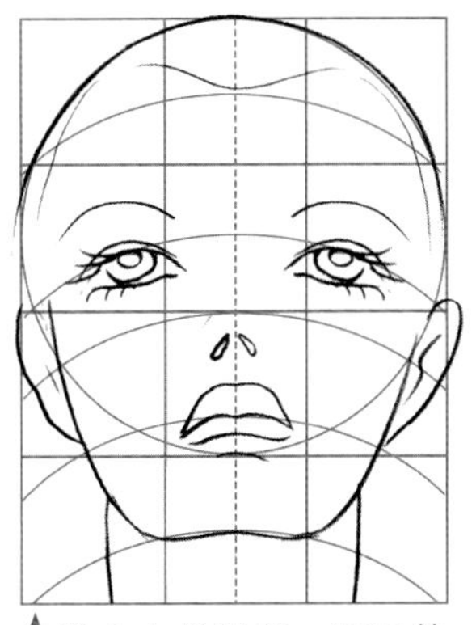

▲脸向上的时候，下巴抬高，眼角、眉毛、嘴角看上去是下垂的。看起来上嘴唇厚下嘴唇薄，脖子也会变粗。

正面

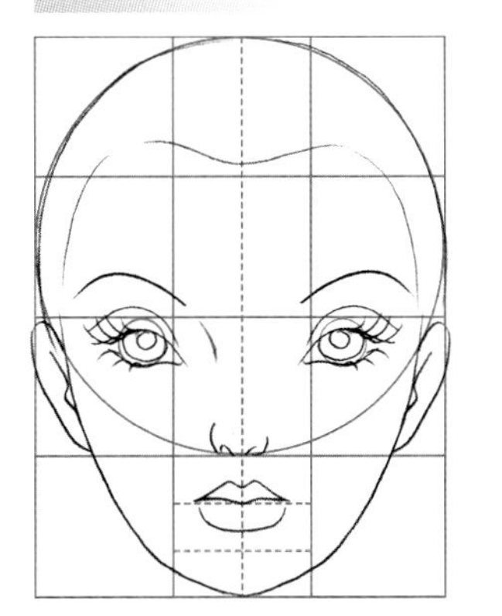

朝向下方的脸

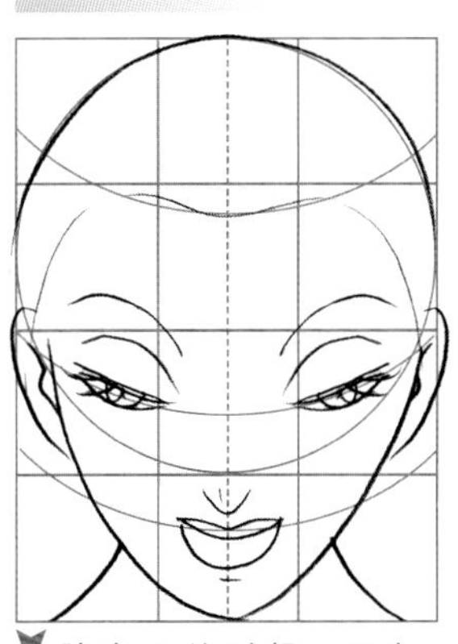

▼脸向下的时候，眼角、眉毛、嘴角看上去是抬高的，耳朵也是。看起来上嘴唇薄下嘴唇厚。

各种角度的脸

根据角度的变化来画脸是很难，但一旦了解了一定的规律后就会特别容易画。比如，脸向上的时候，眉毛、眼角、耳朵、嘴角看上去是下垂的，鼻孔看上去也会变大；反之，脸向下的时候，眉毛、眼角、耳朵、嘴角看上去是上扬的。

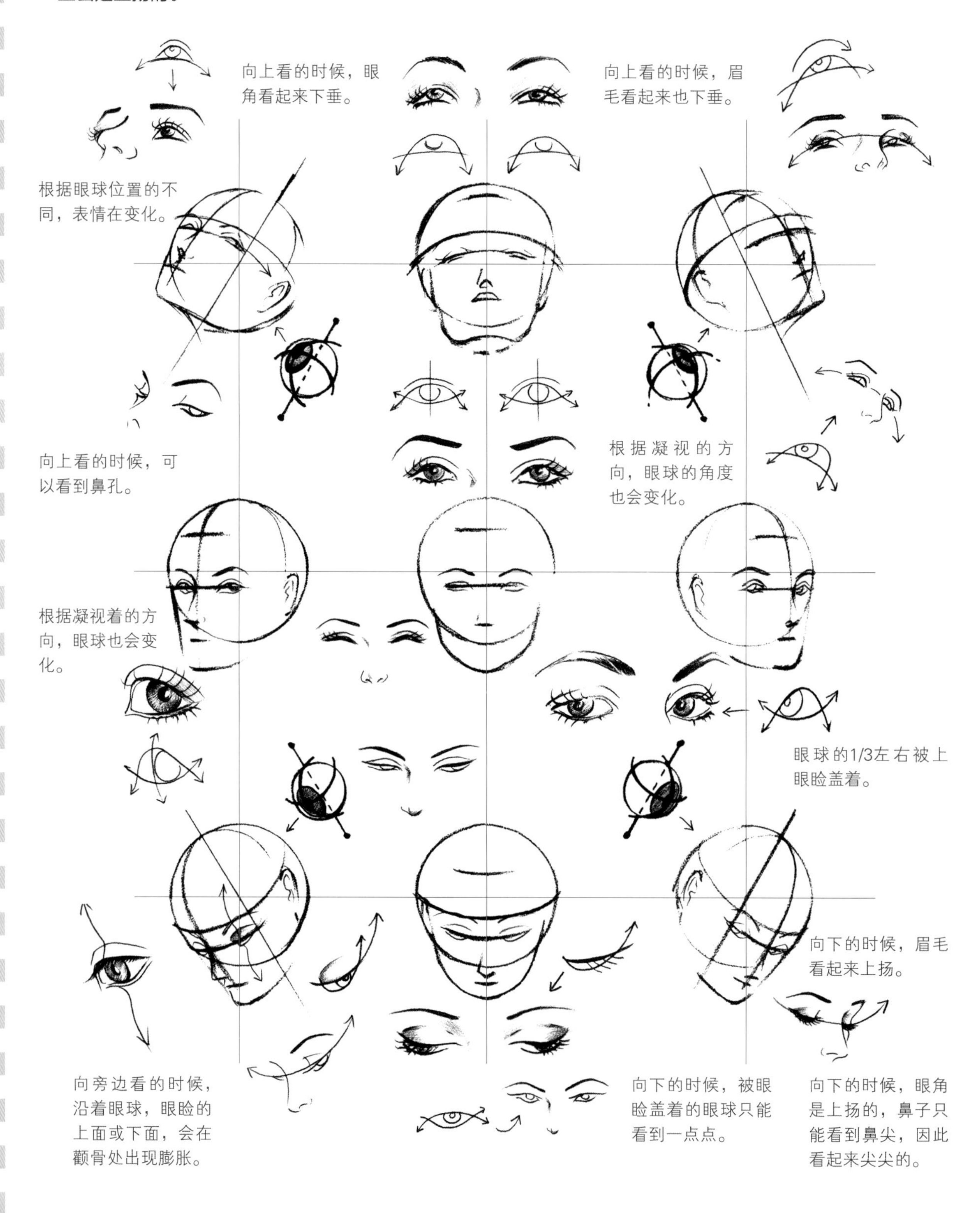

嘴唇的画法

1 画一条符合嘴的大小的线，在中心点做一个作为基准的记号。

2 配合唇的厚度，上面画三个作为基准的○，下面画两个。

3 从嘴角开始，围着这些○描绘，最当中的那个○制造出高低差。

4 配合模特的风格或表情，进行调整。

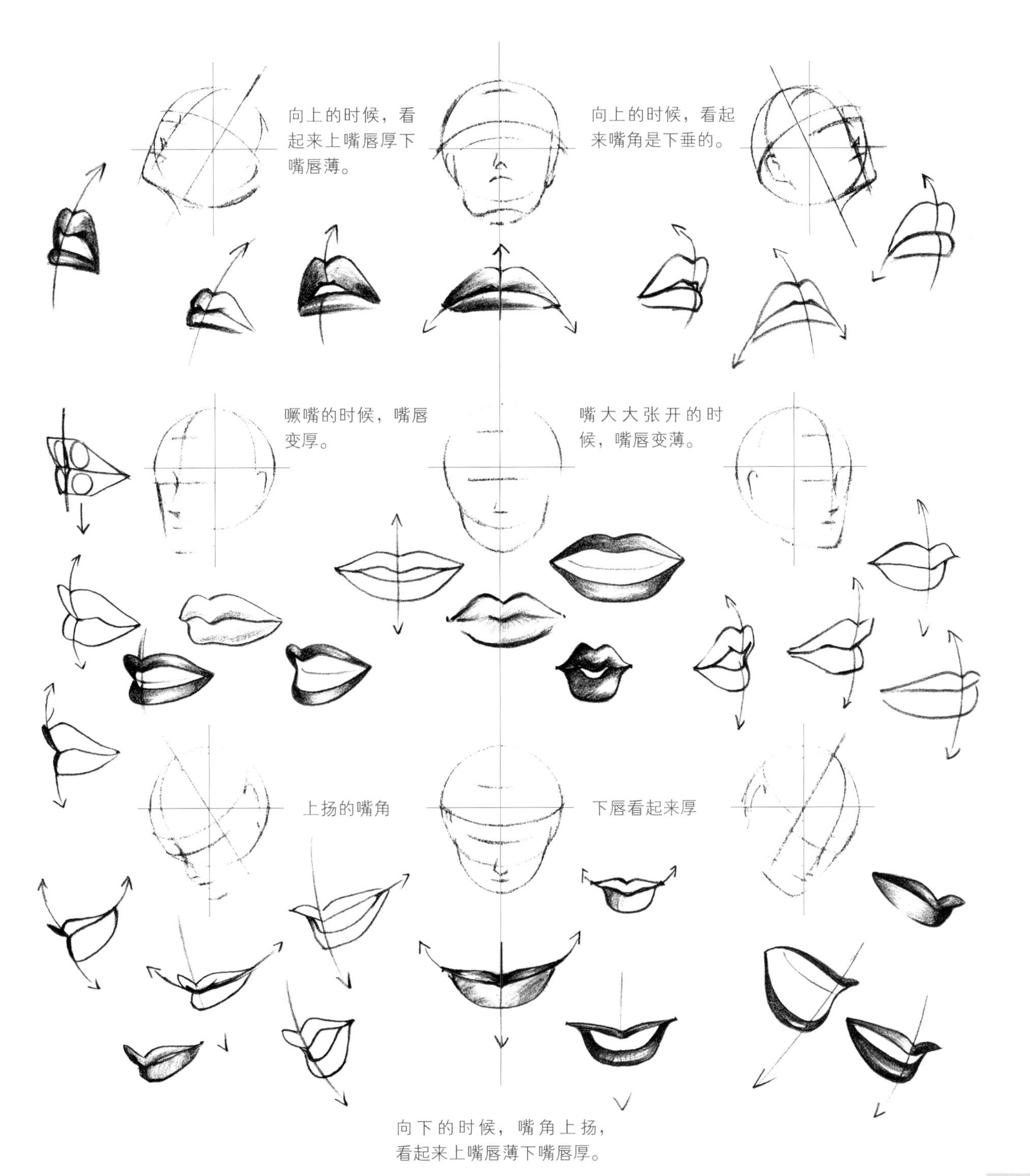

画手

觉得做复杂动作的手很难画？通过更换成简单的形式，从简单的动作到具有表情的动作，都可以自由绘制。

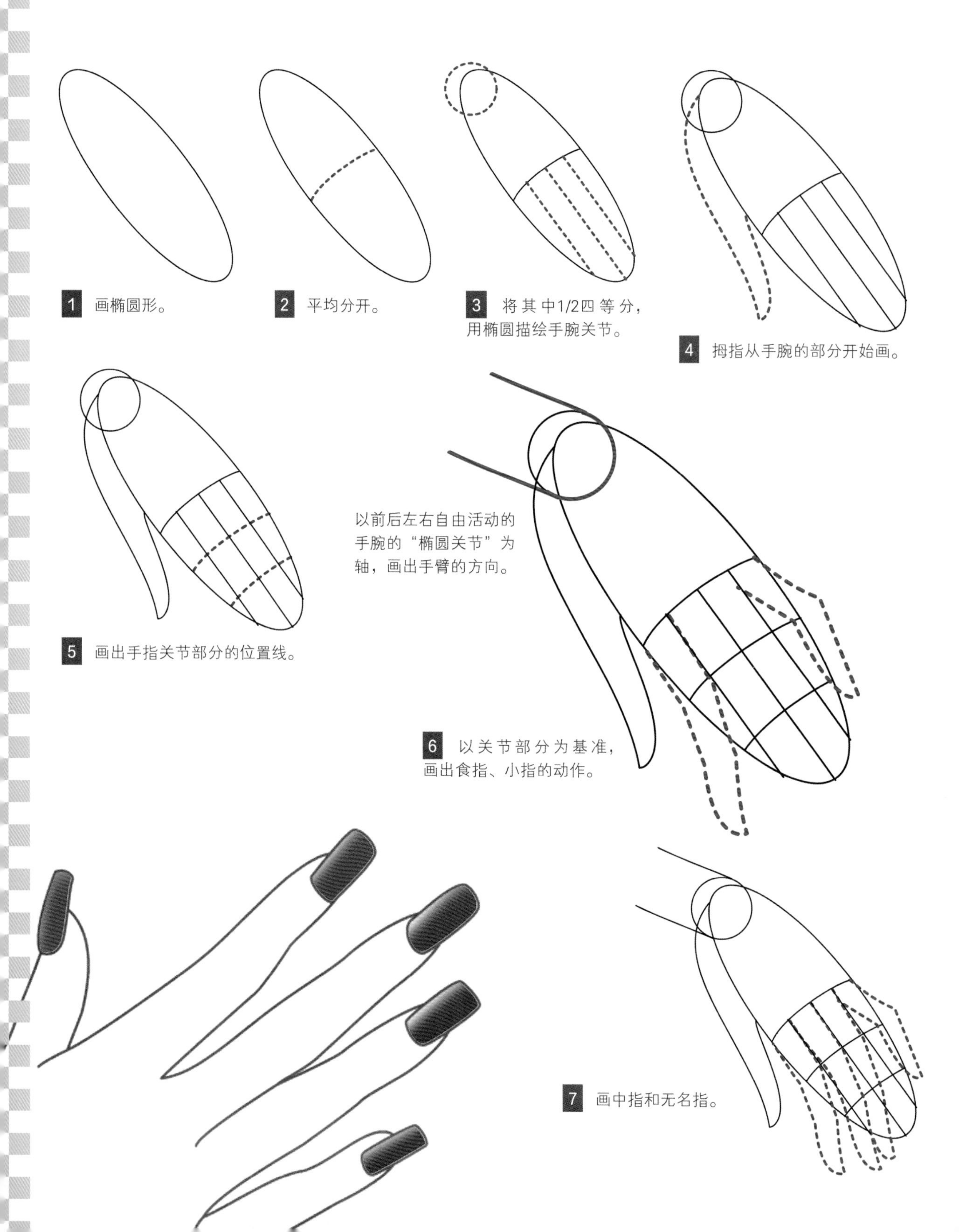

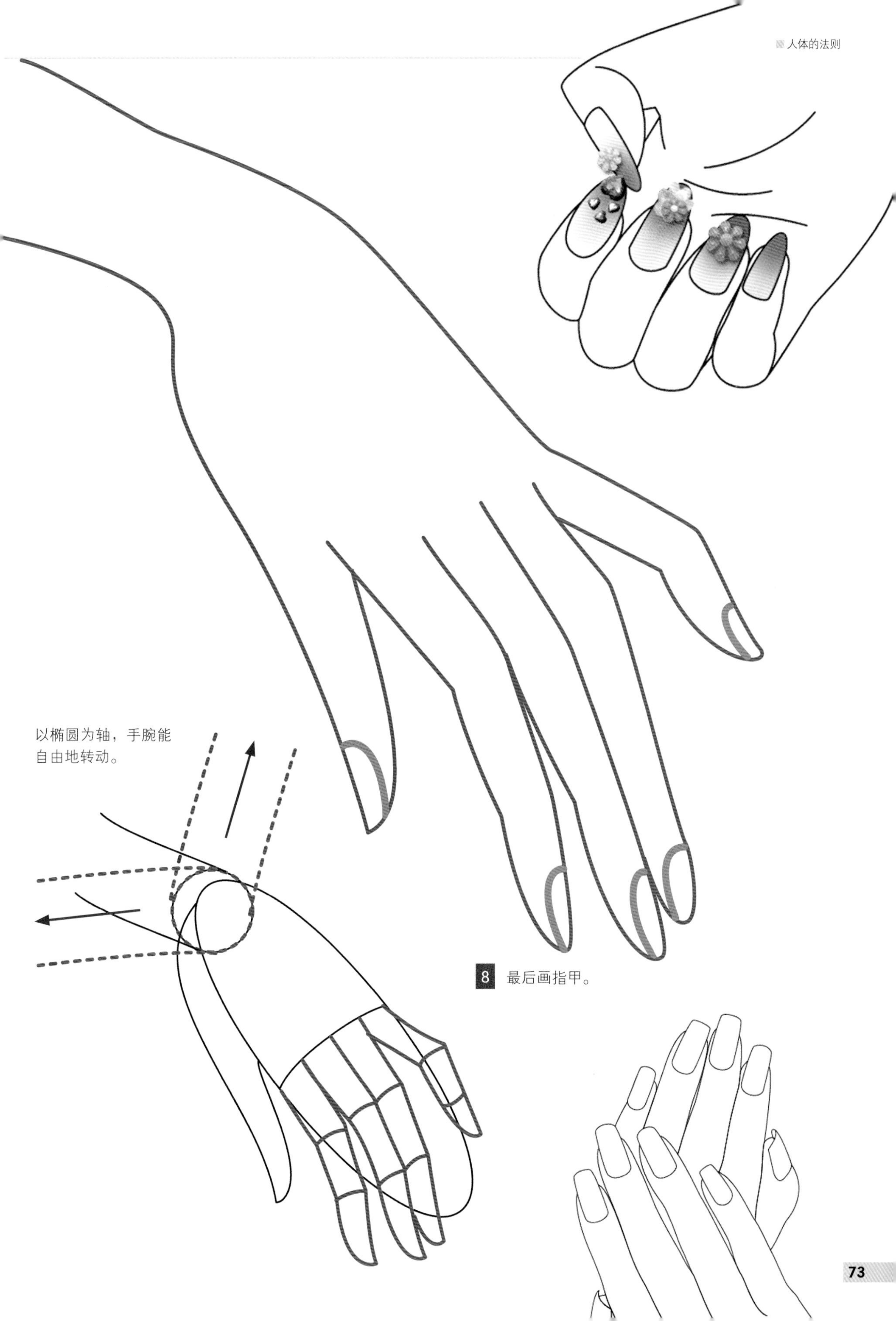
以椭圆为轴，手腕能
自由地转动。
8 最后画指甲。

各种角度的手

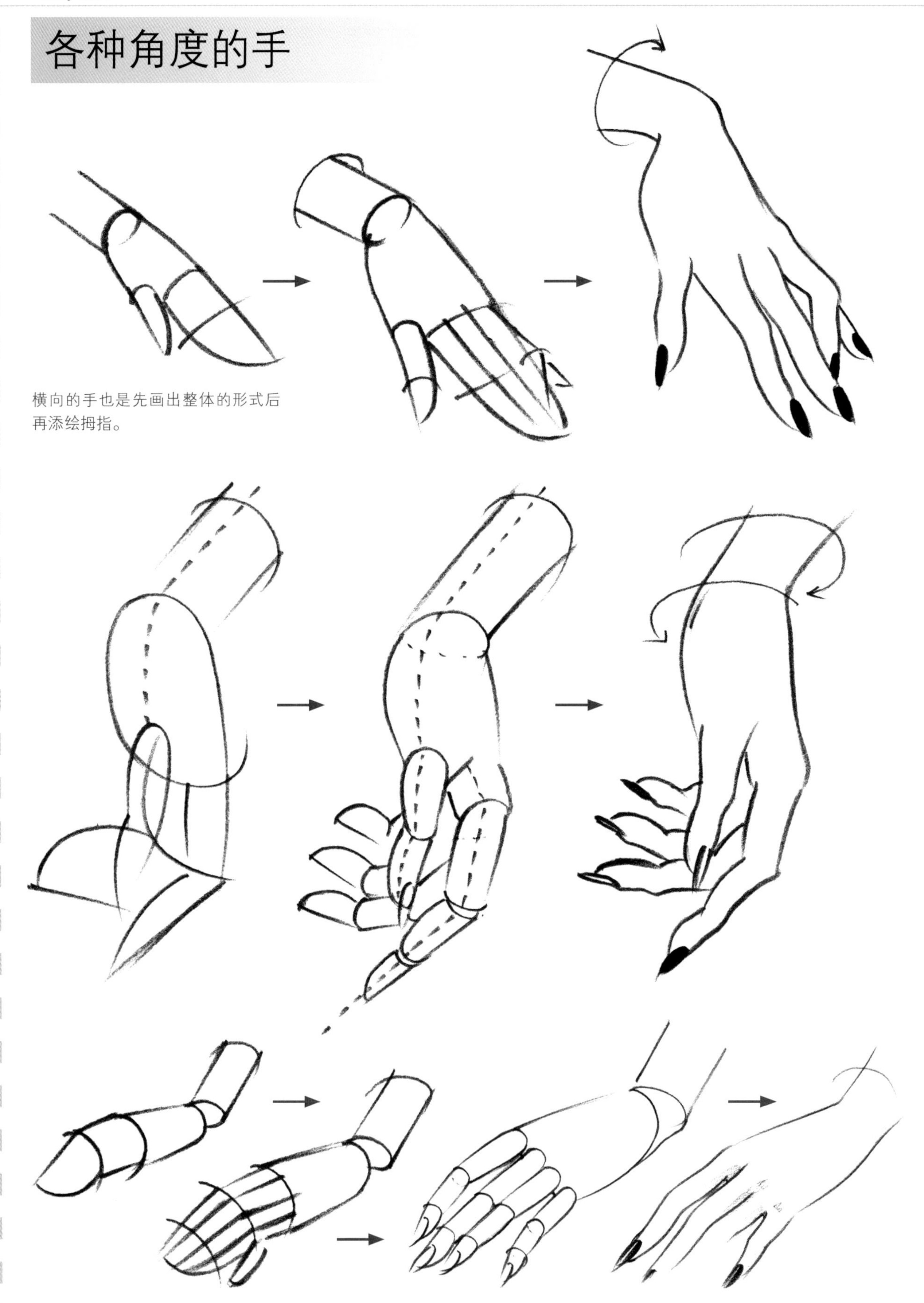

横向的手也是先画出整体的形式后再添绘拇指。

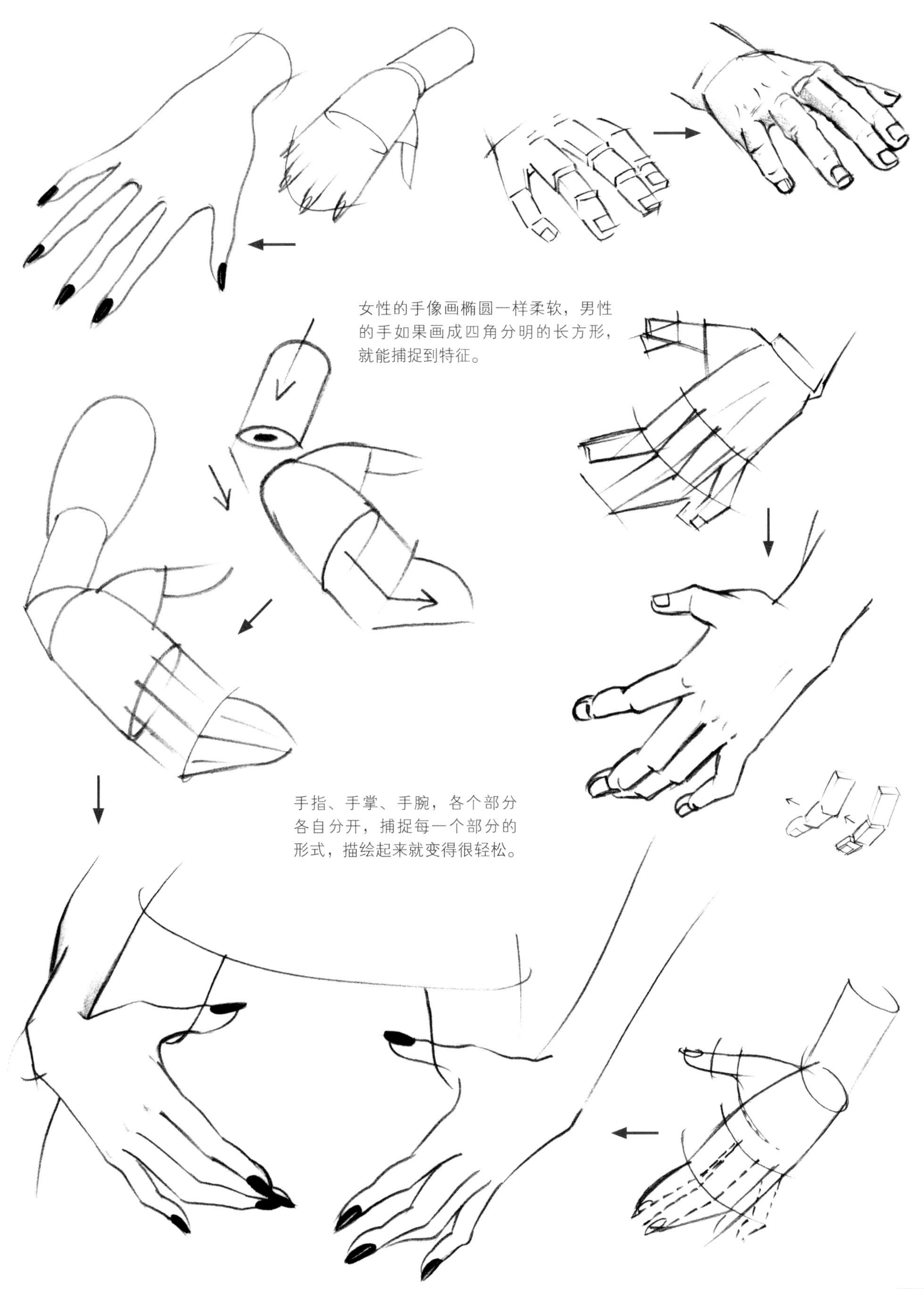

女性的手像画椭圆一样柔软，男性的手如果画成四角分明的长方形，就能捕捉到特征。

手指、手掌、手腕，各个部分各自分开，捕捉每一个部分的形式，描绘起来就变得很轻松。

手和手套

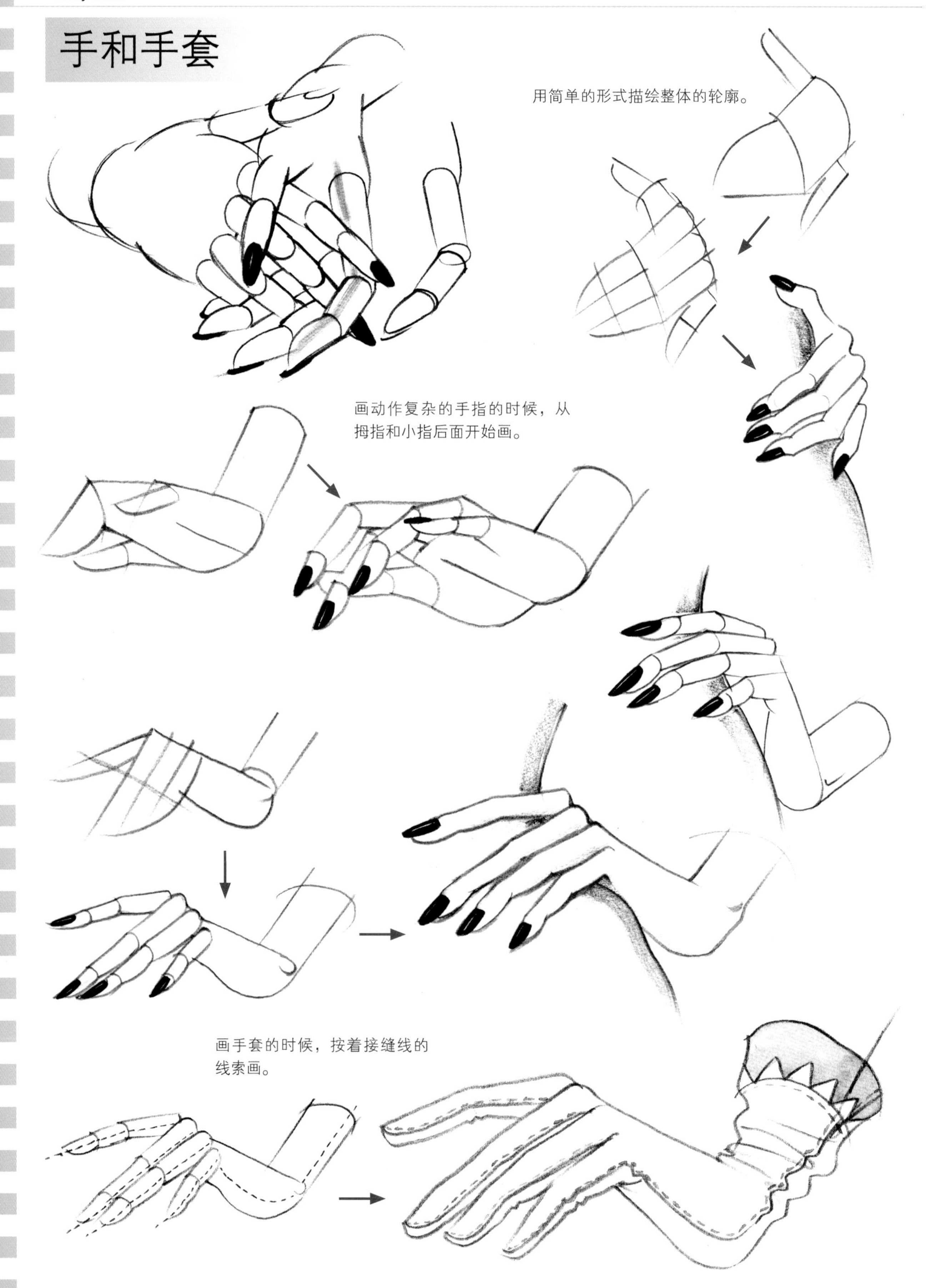
用简单的形式描绘整体的轮廓。
画动作复杂的手指的时候，从
拇指和小指后面开始画。
画手套的时候，按着接缝线的
线索画。

手腕或手指等关节部分弯曲起来的时候，会产生褶皱。

画手套的时候，大拇指根处要加入分指线。

画脚

支撑身体的脚，如果把脚后跟、脚趾甲以及脚趾的部分各自分开，用简单的图形替换，就能很轻松地描绘了。

平坦的状态

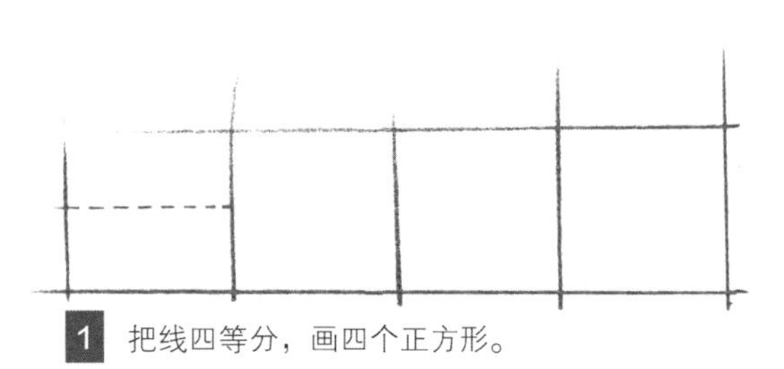

1 把线四等分，画四个正方形。

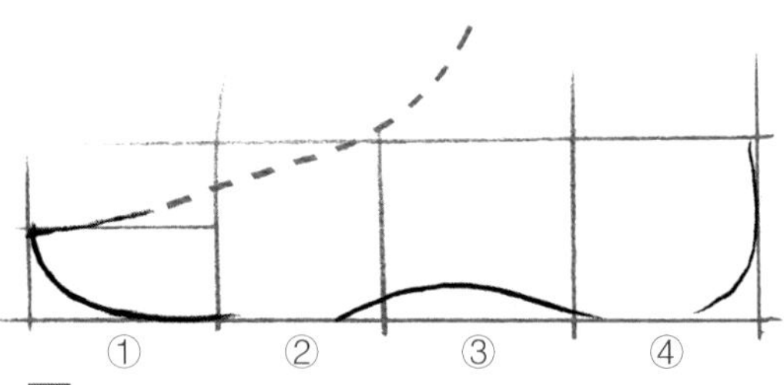

2 ①画脚尖。③画脚心。④画脚后跟。

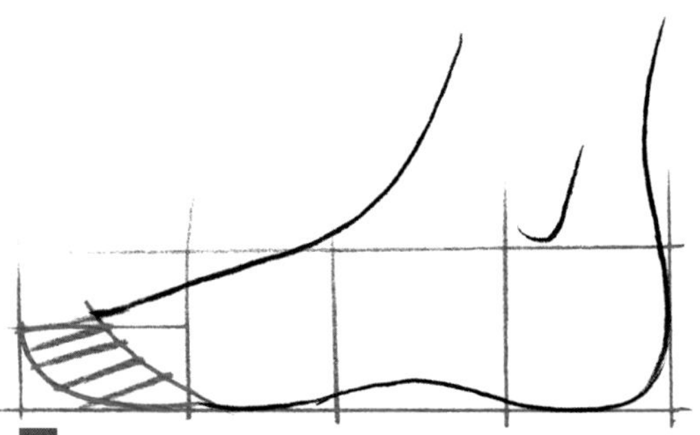

3 包住脚趾甲似的画上一圈，加入脚趾的分隔线。

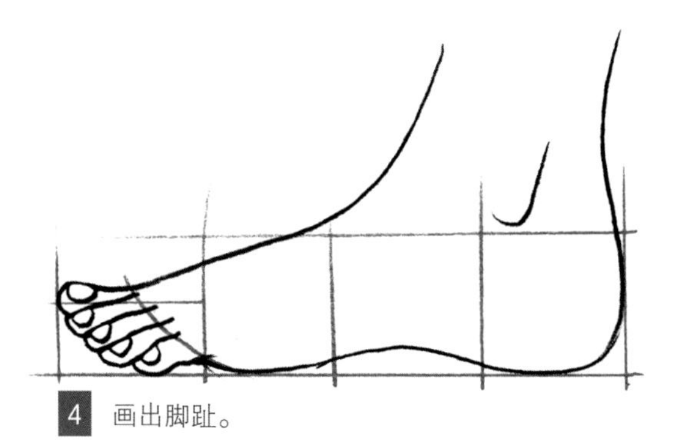

4 画出脚趾。

脚后跟抬高的状态

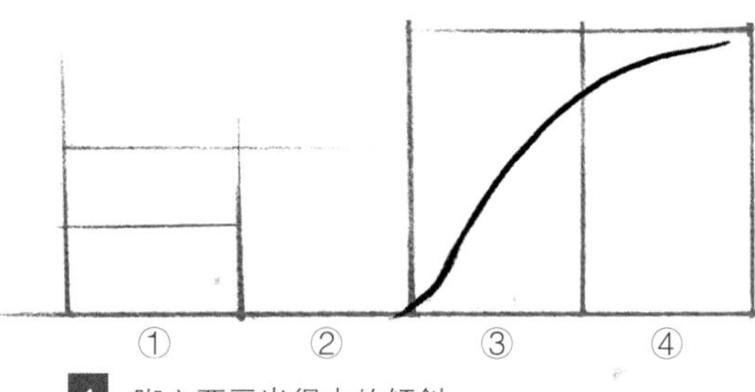

1 脚心要画出很大的倾斜。

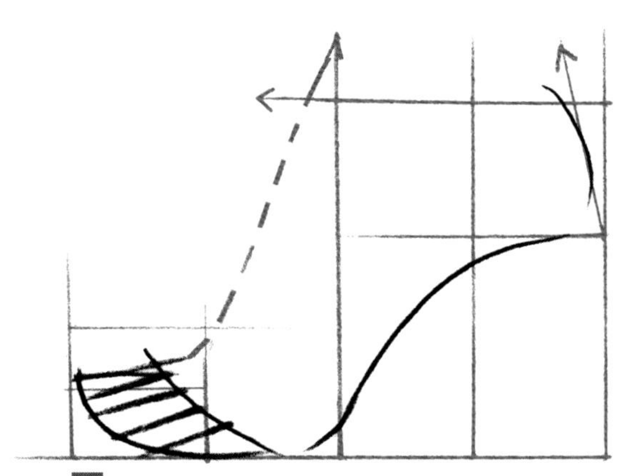

2 体重移向前面的缘故，脚后跟也要大大地向前倾斜。

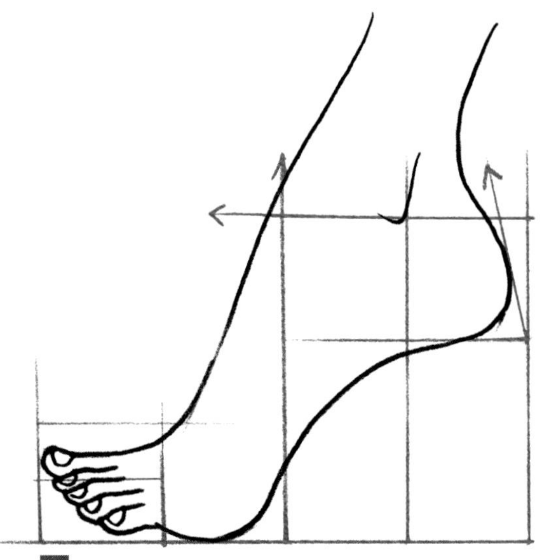

3 脚尖部分要吃住力的缘故，脚趾甲要伸长，大大倾斜。

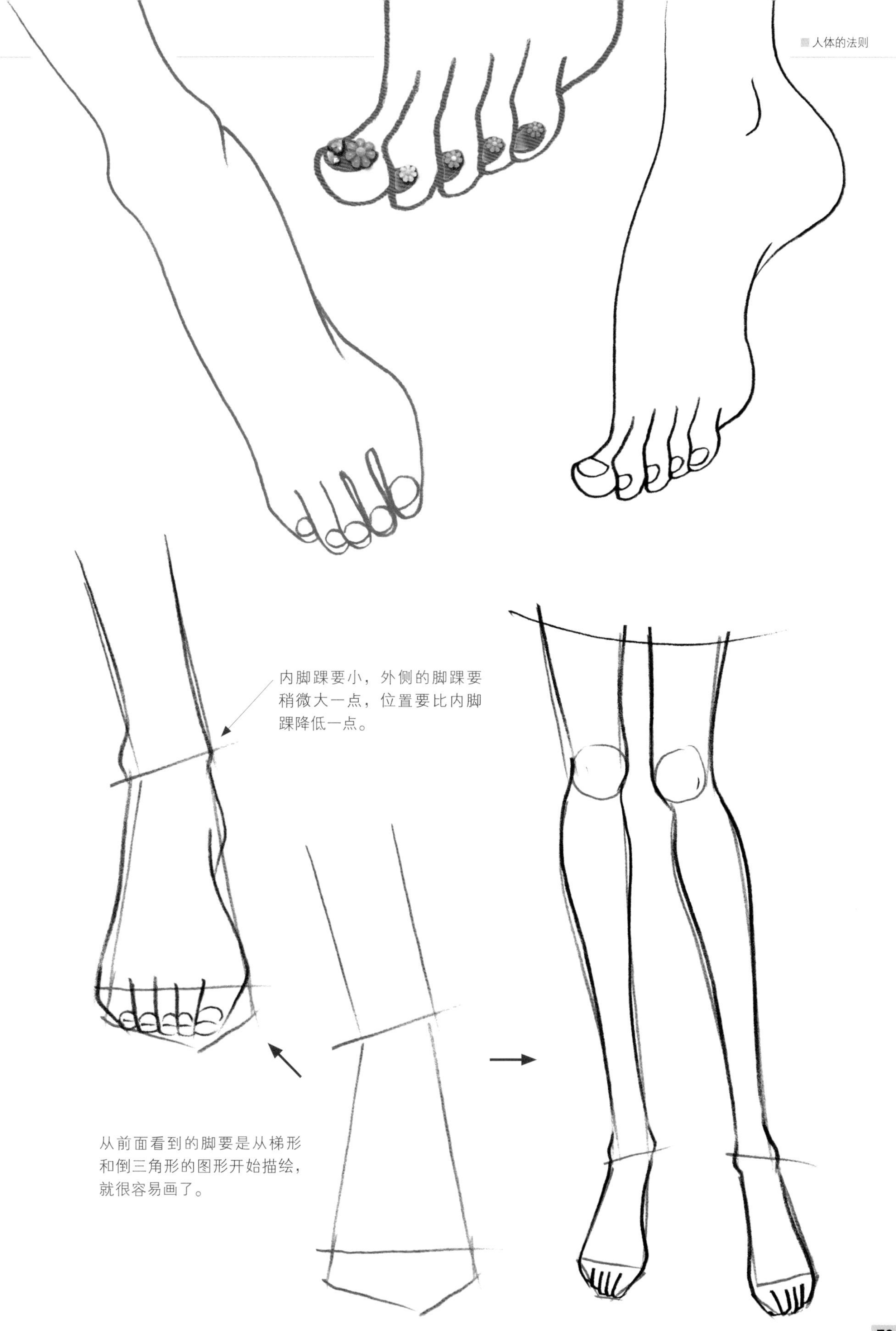
内脚踝要小，外侧的脚踝要
稍微大一点，位置要比内脚
踝降低一点。
从前面看到的脚要是从梯形
和倒三角形的图形开始描绘，
就很容易画了。

画鞋子/侧面（平底鞋）

平底鞋造型的缘故，形状很明晰的鞋子，如果把脚后跟、脚趾甲以及脚趾部分分开，用单纯的图形来画，就能简单地画出来了。

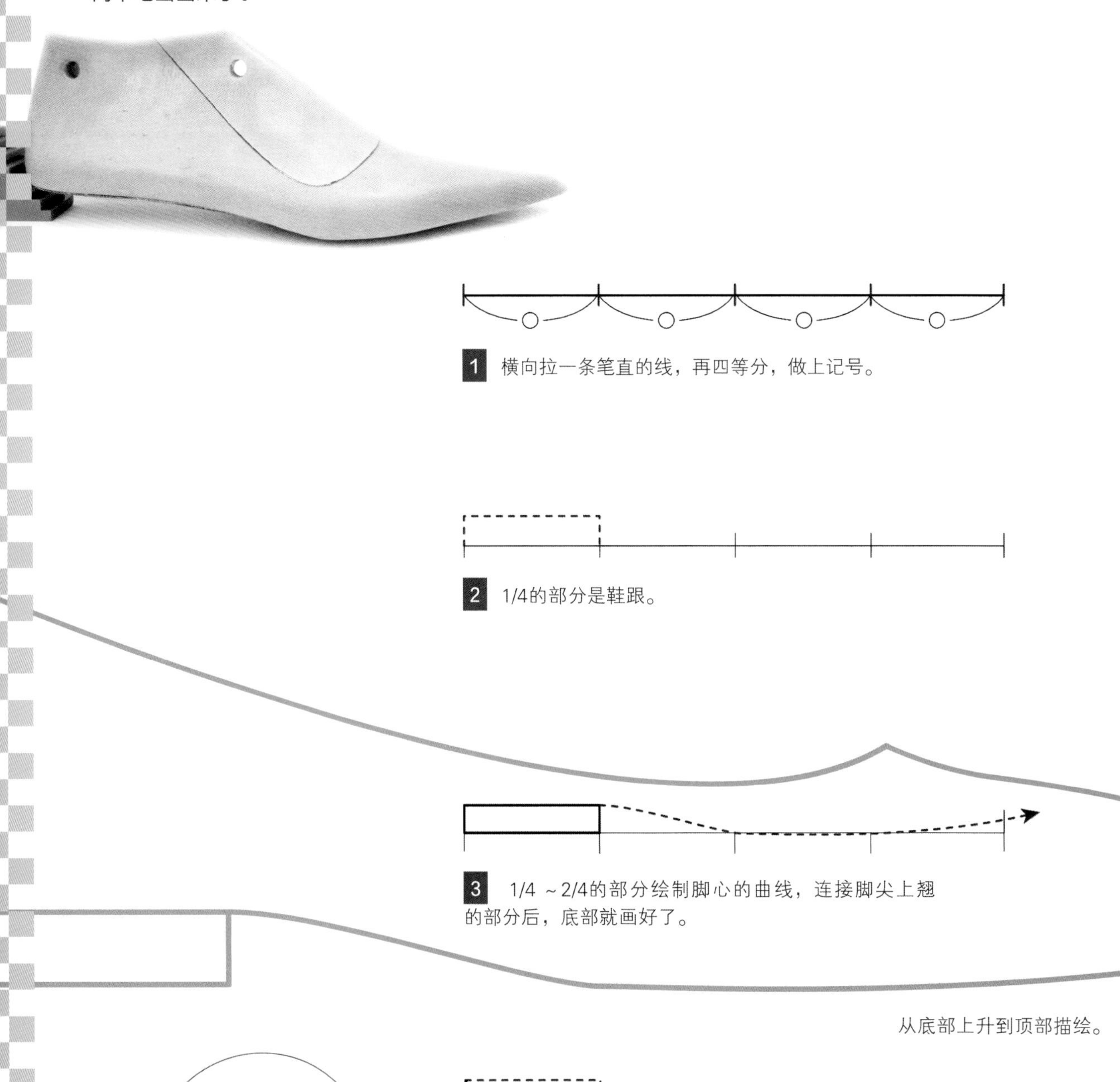

1 横向拉一条笔直的线，再四等分，做上记号。

2 1/4的部分是鞋跟。

3 1/4 ～2/4的部分绘制脚心的曲线，连接脚尖上翘的部分后，底部就画好了。

从底部上升到顶部描绘。

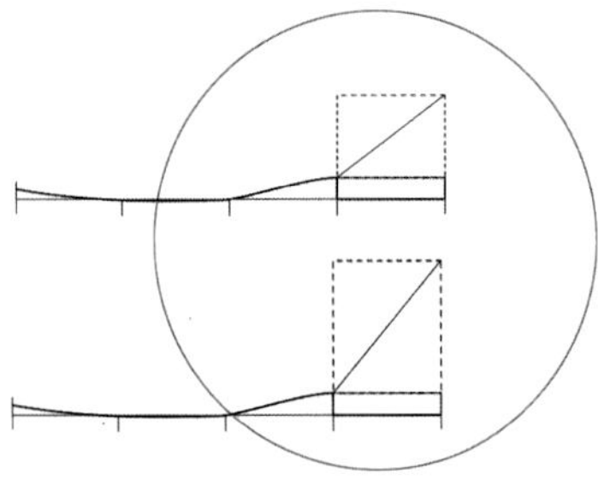

脚后跟部分的正方形变短或是拉长的话，轮廓线就会改变。

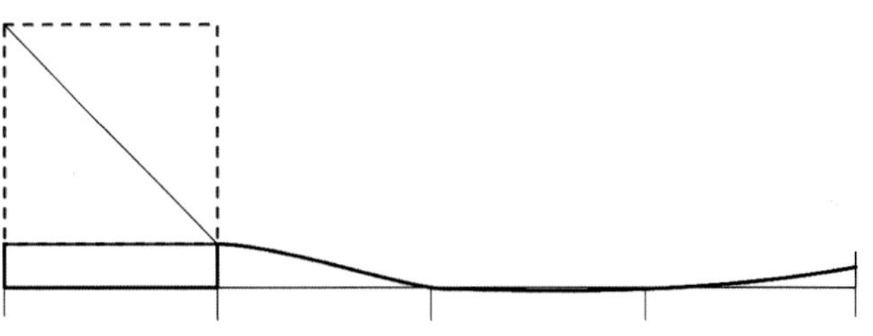

4 脚后跟部分，从鞋跟部分的1/4处开始画正方形。

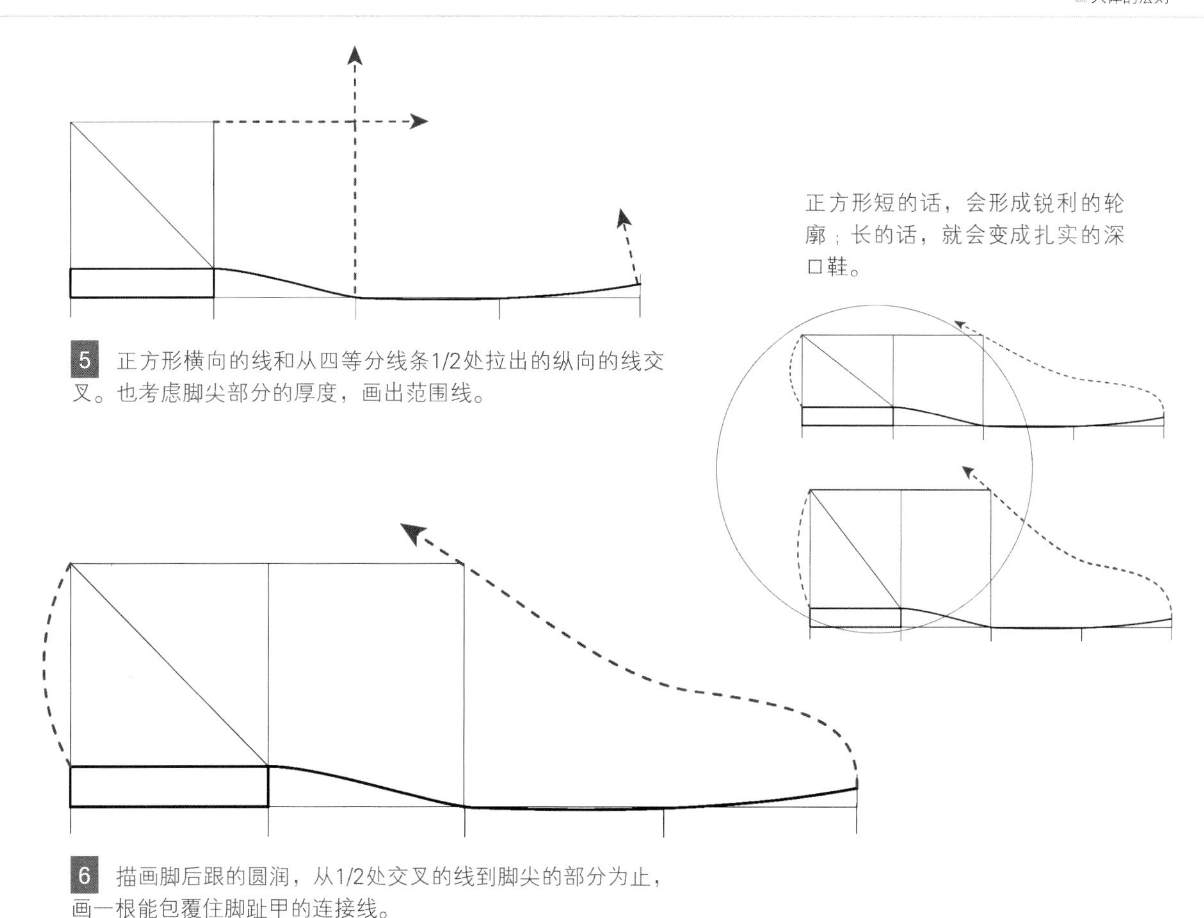

正方形短的话，会形成锐利的轮廓；长的话，就会变成扎实的深口鞋。

5 正方形横向的线和从四等分线条1/2处拉出的纵向的线交叉。也考虑脚尖部分的厚度，画出范围线。

6 描画脚后跟的圆润，从1/2处交叉的线到脚尖的部分为止，画一根能包覆住脚趾甲的连接线。

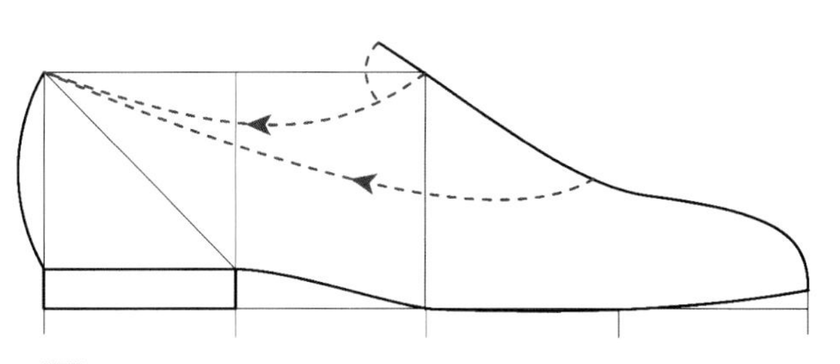

7 画顶部的线条（鞋子的开口处）时要配合设计。

8 调整整体的平衡后完成。

画鞋子/侧面（高跟鞋）

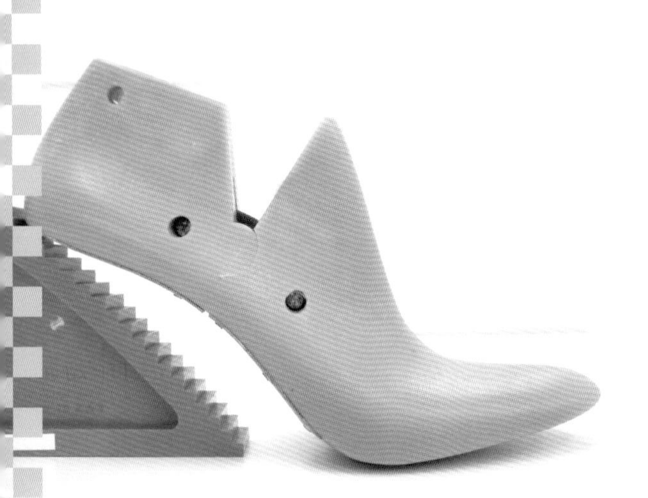

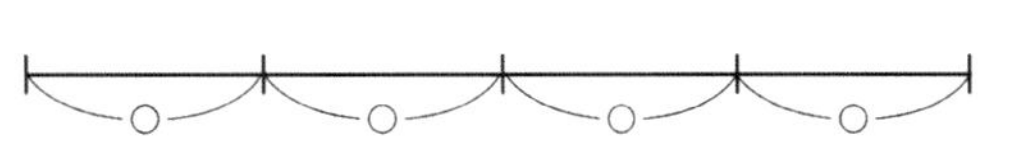

1 横向拉一条笔直的线，再四等分，做上记号。

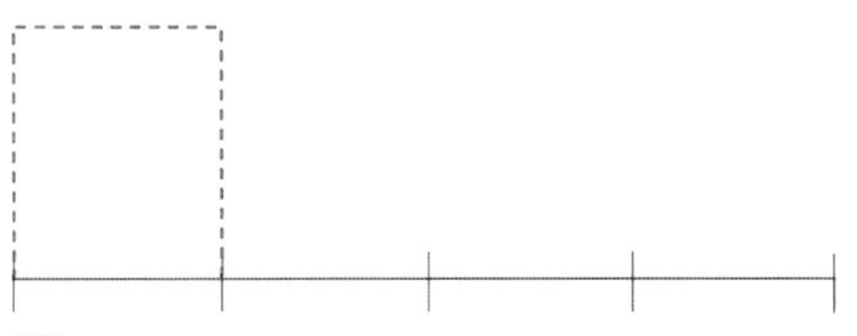

2 在1/4处，配合鞋跟的高度，画一条基准线。

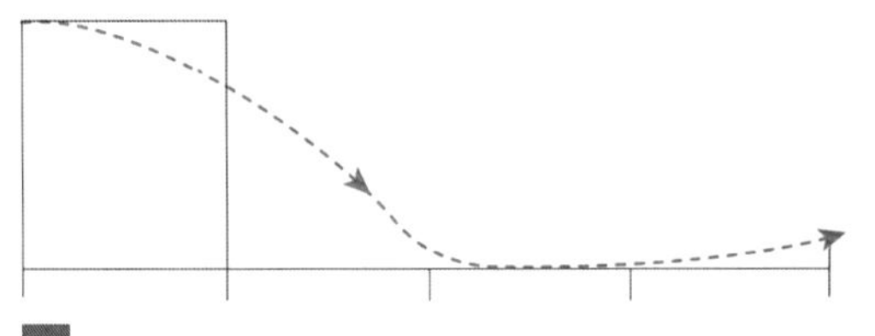

3 从脚后跟到脚心，用流畅的线条画出平稳舒适的脚的感觉。

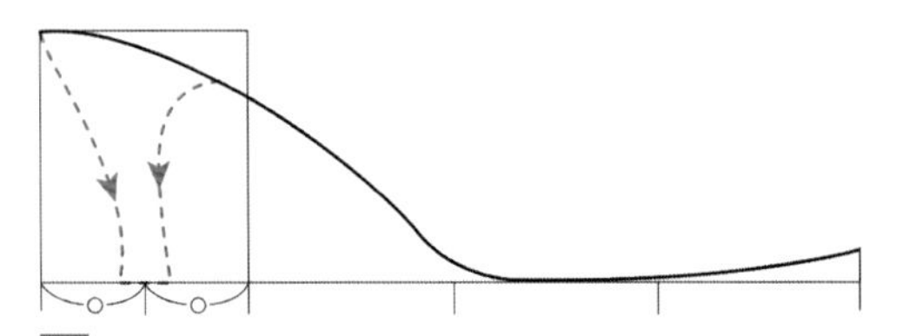

4 把1/4部分和二等分后的中心合在一起，画出鞋跟。

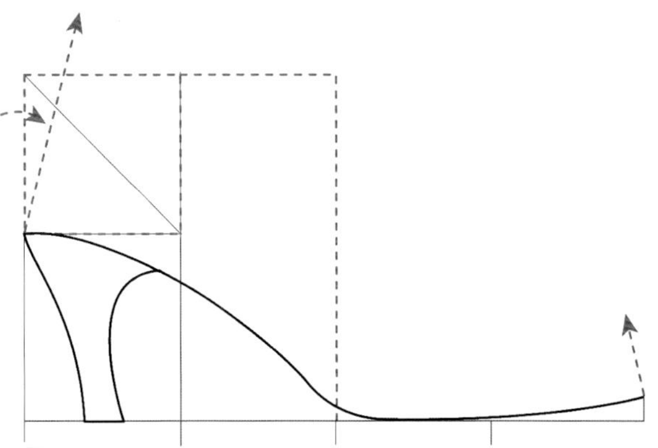

5 在鞋跟顶部的正方形的接触点，画出一线，与1/2处的线交叉。脚后跟因为鞋跟的高跟部分前倾的缘故而倾斜。

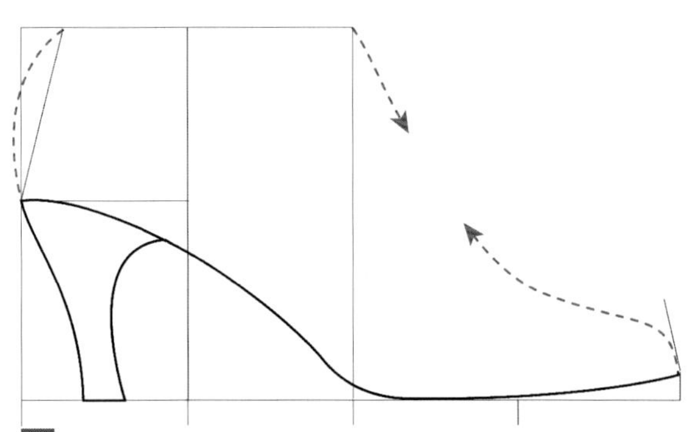

6 描画脚后跟的圆润，从1/2处交叉的线到脚尖的部分为止，画一条能包覆住脚趾甲的连接线。

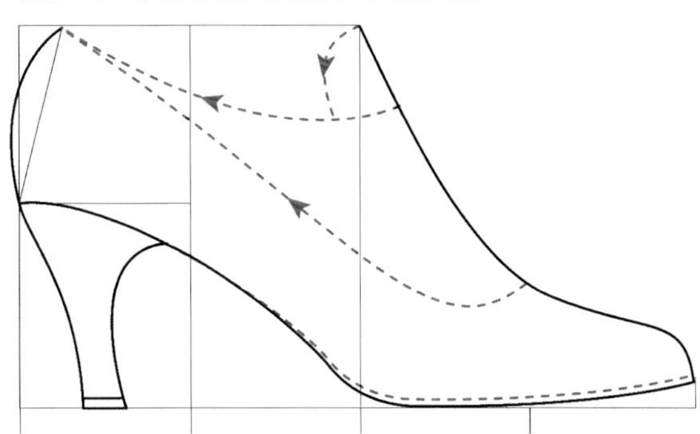

7 画顶部的线条（鞋子的开口处）时要配合设计。

8 调整整体的平衡后完成。

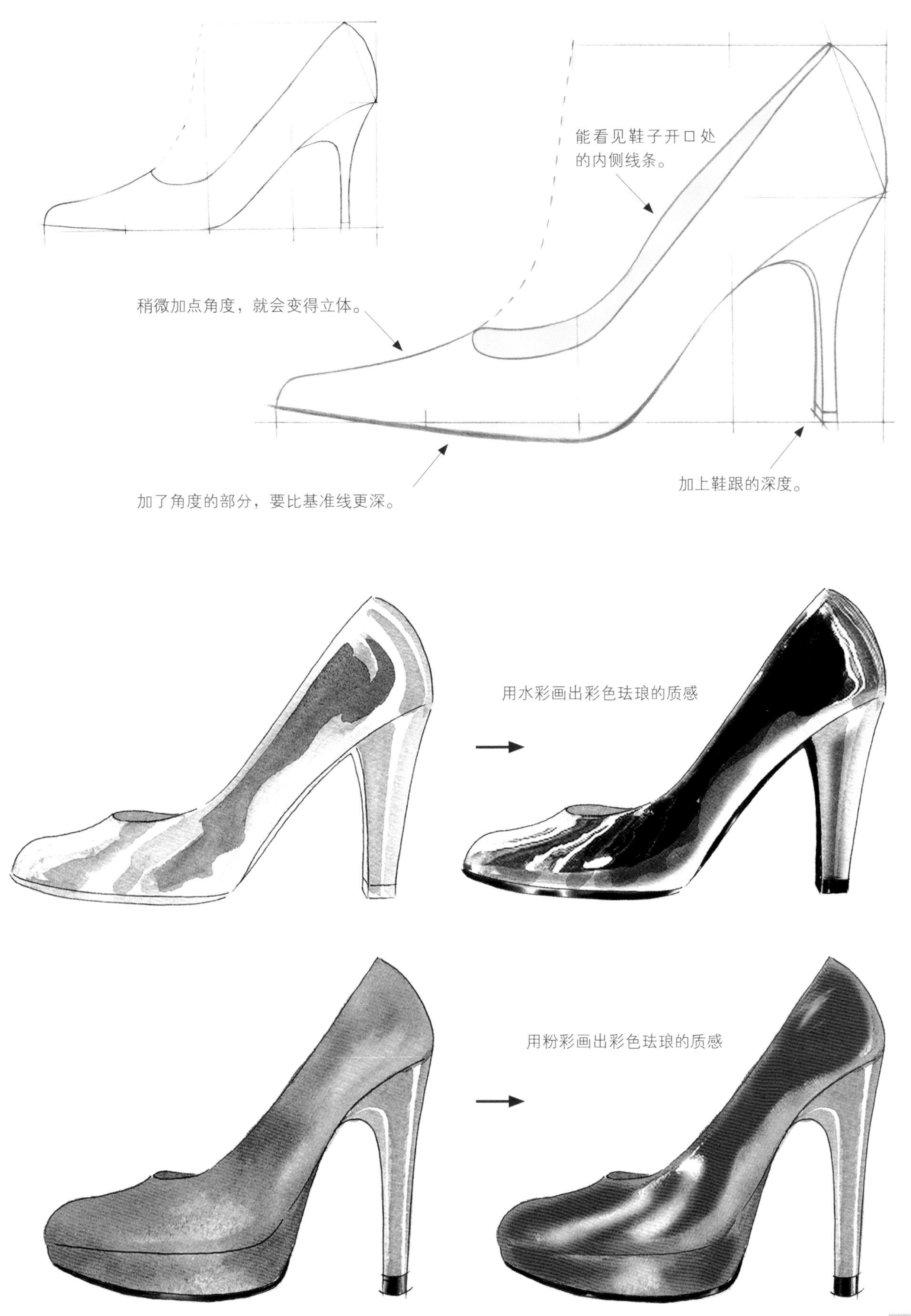

能看见鞋子开口处
的内侧线条。
稍微加点角度，就会变得立体。
加了角度的部分，要比基准线更深。
加上鞋跟的深度。
用水彩画出彩色珐琅的质感
用粉彩画出彩色珐琅的质感

画鞋子/斜向（平底鞋/高跟鞋）

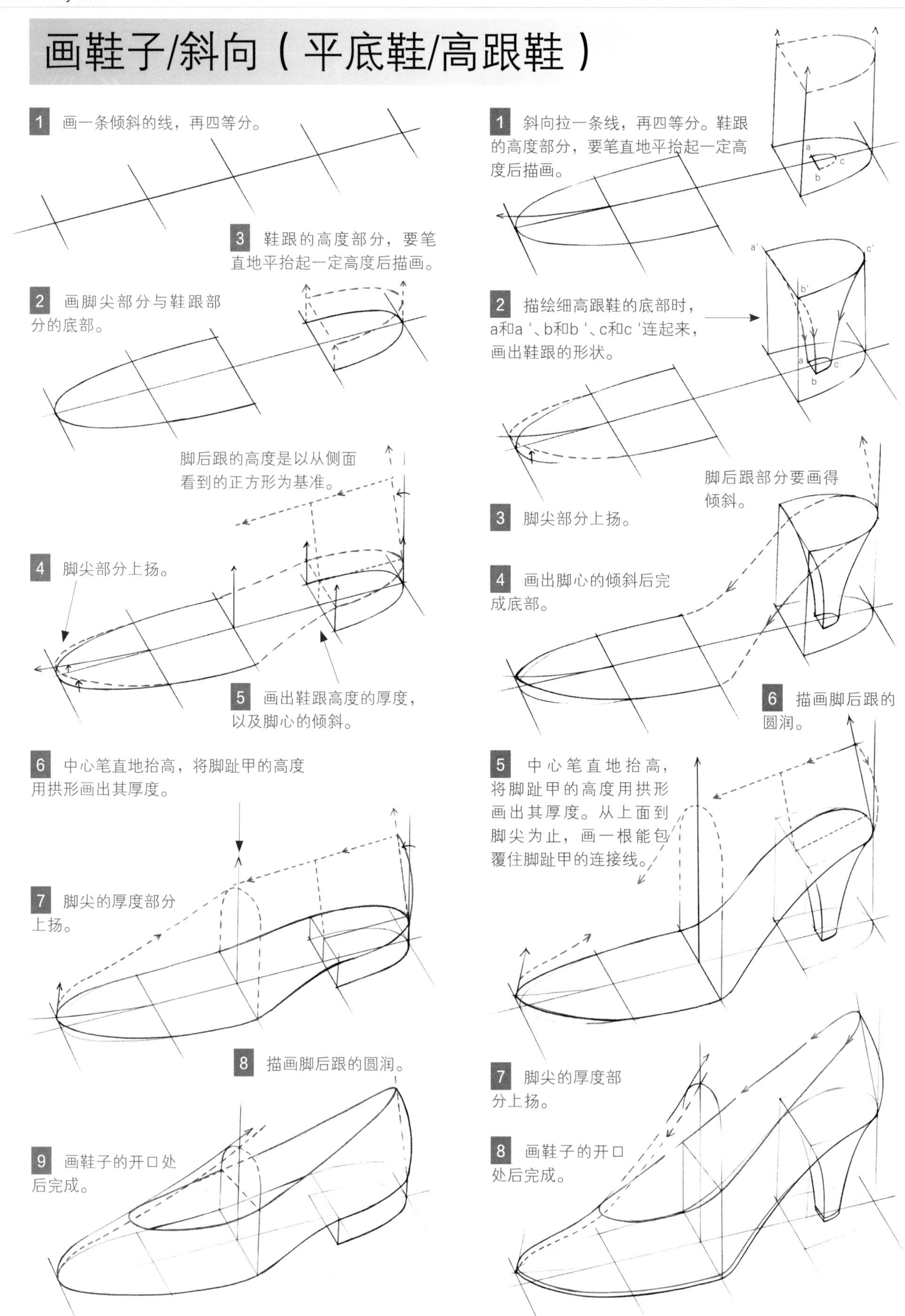

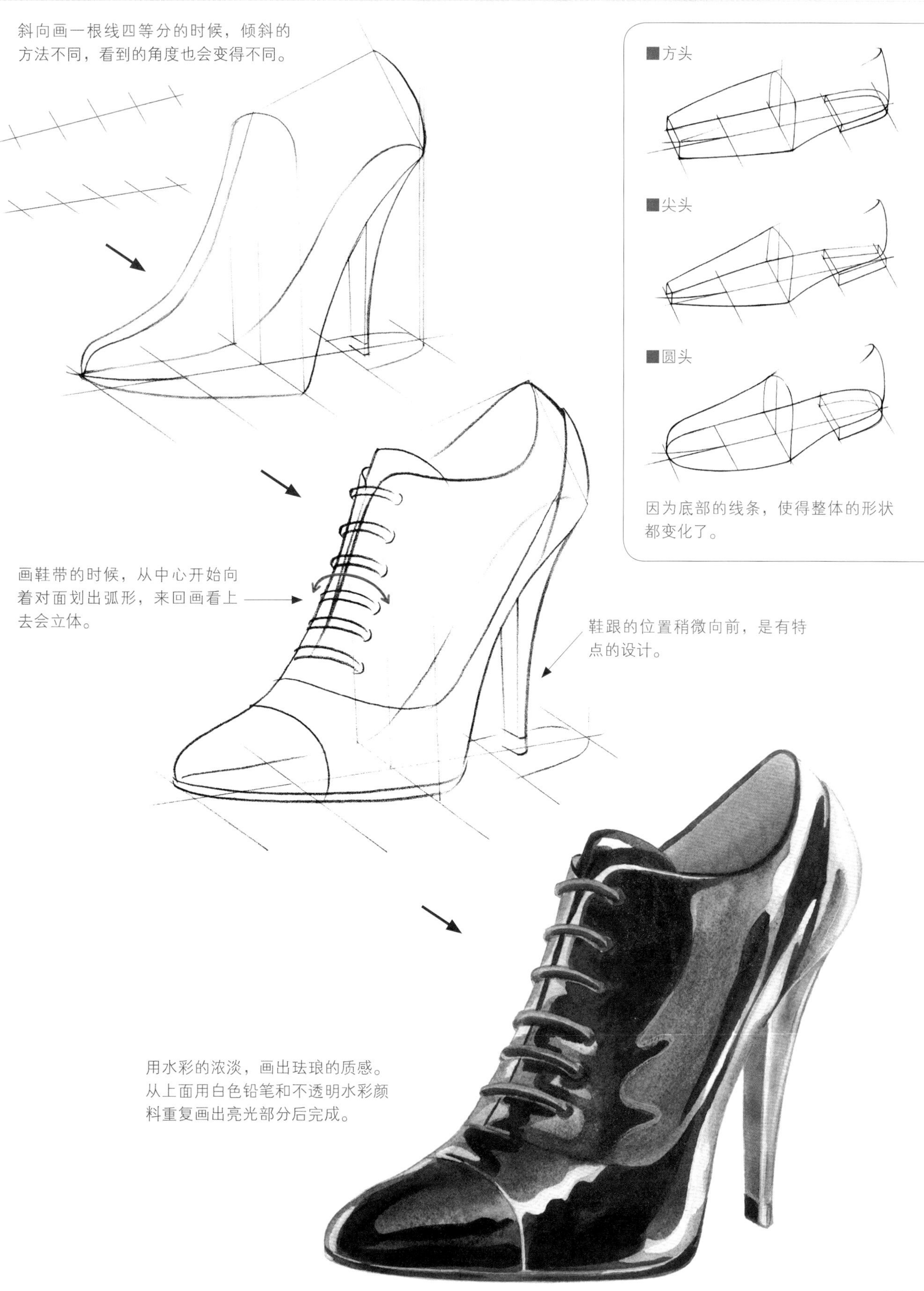
斜向画一根线四等分的时候，倾斜的方法不同，看到的角度也会变得不同。
■方头
■尖头
■圆头
因为底部的线条，使得整体的形状都变化了。
画鞋带的时候，从中心开始向着对面划出弧形，来回画看上去会立体。
鞋跟的位置稍微向前，是有特点的设计。
用水彩的浓淡，画出珐琅的质感。从上面用白色铅笔和不透明水彩颜料重复画出亮光部分后完成。

画鞋子/各种角度（高跟鞋）

无论是正面还是从后面的角度，基本目标都是四等分，这样画起来会有很好的平衡感。

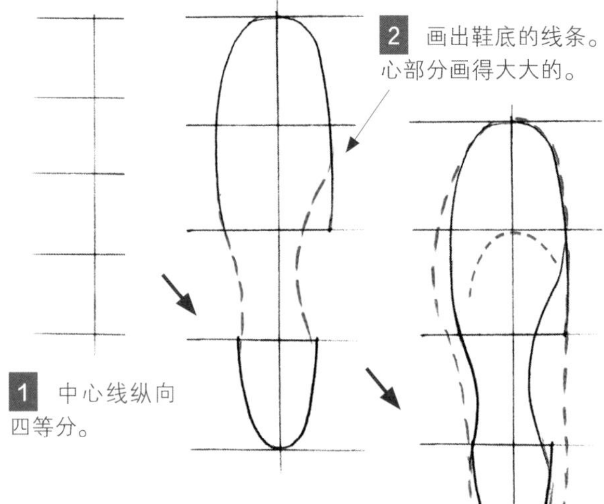

3 描绘鞋子的线条。脚后跟部分向外侧突出。

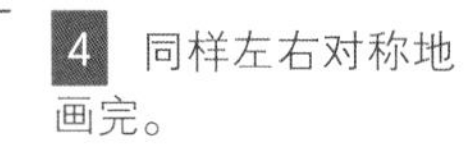

角度不同的倾斜

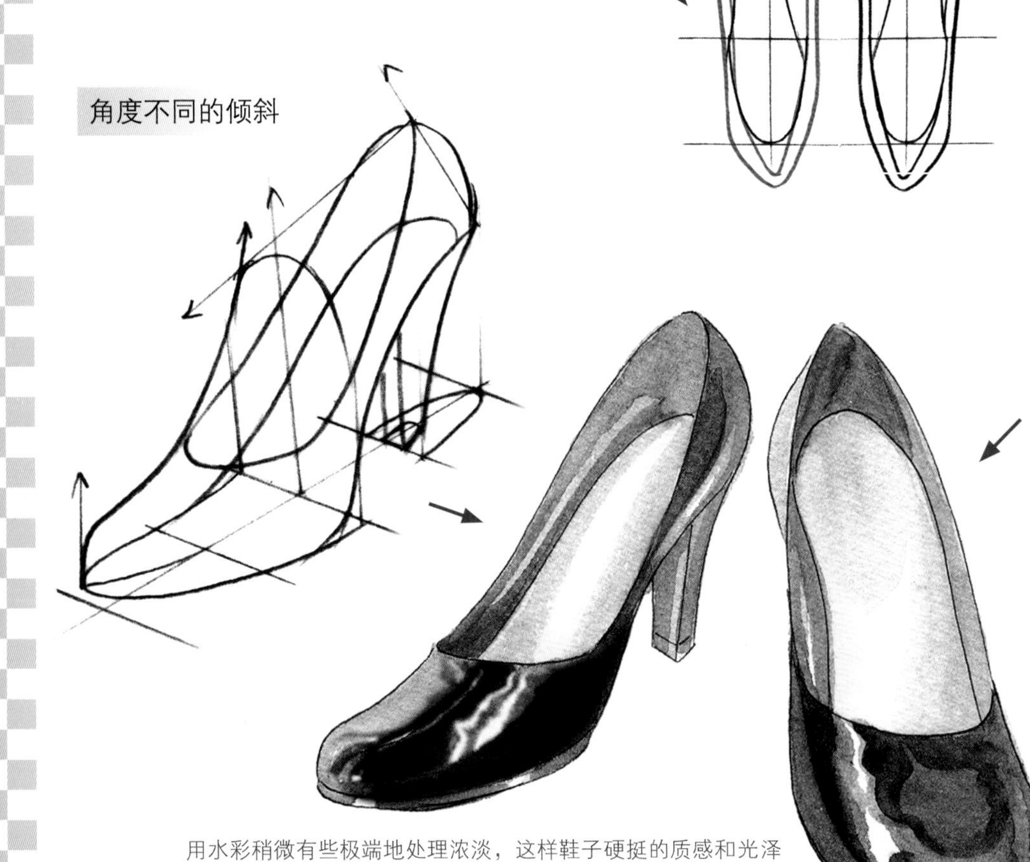

用水彩稍微有些极端地处理浓淡，这样鞋子硬挺的质感和光泽感就会体现出来了。

斜后方

鞋跟高的话，体重会向前移动，因此脚后跟的倾斜也会加深。

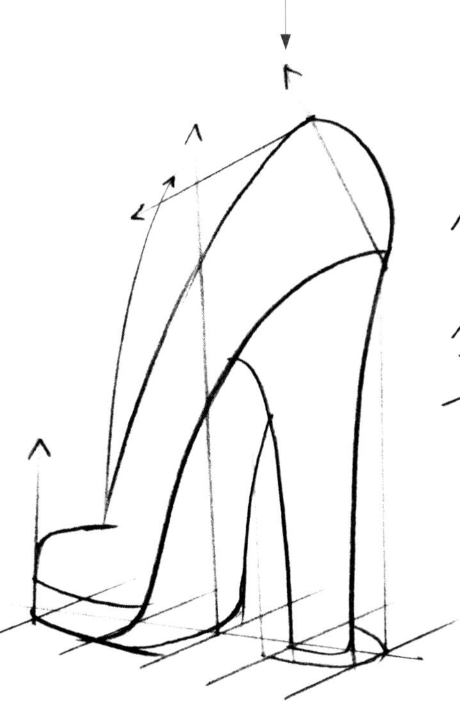

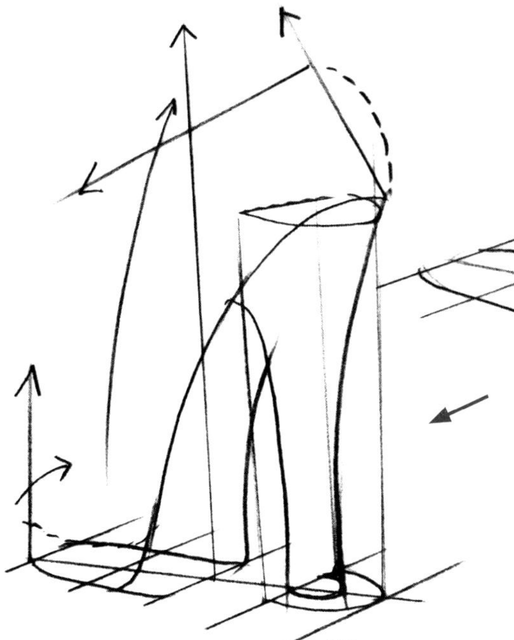

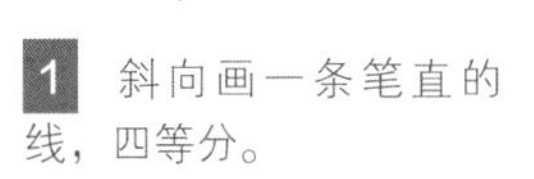

1 斜向画一条笔直的线，四等分。

2 描绘鞋底的线条，画立起的直线，高度直到鞋跟的高度为止。

3 从脚后跟到脚心画线，鞋跟高的时候，一直到脚趾部分，要有倾斜度。

4 根据厚底高跟鞋的情况，要先分出鞋底的厚度来，画出从那个部分开始直到脚尖的厚度。

用水彩薄薄打一层底色，等干透后，用粉彩画出浓淡来。用白色的粉彩和彩色铅笔画出强烈的反射光的部分后完成。

描绘悬垂

悬垂，是指布自然垂坠下来的时候，产生的柔和的褶皱或下垂，是描绘服装的时候，展示质地或设计的重要的因素。穿在身上的效果会因为面料的手感或材质发生很大的变化。柔软的布料自然舒展，造型线条就像流动起来那样产生悬垂，硬的布料会因为张力的关系形成剪影。

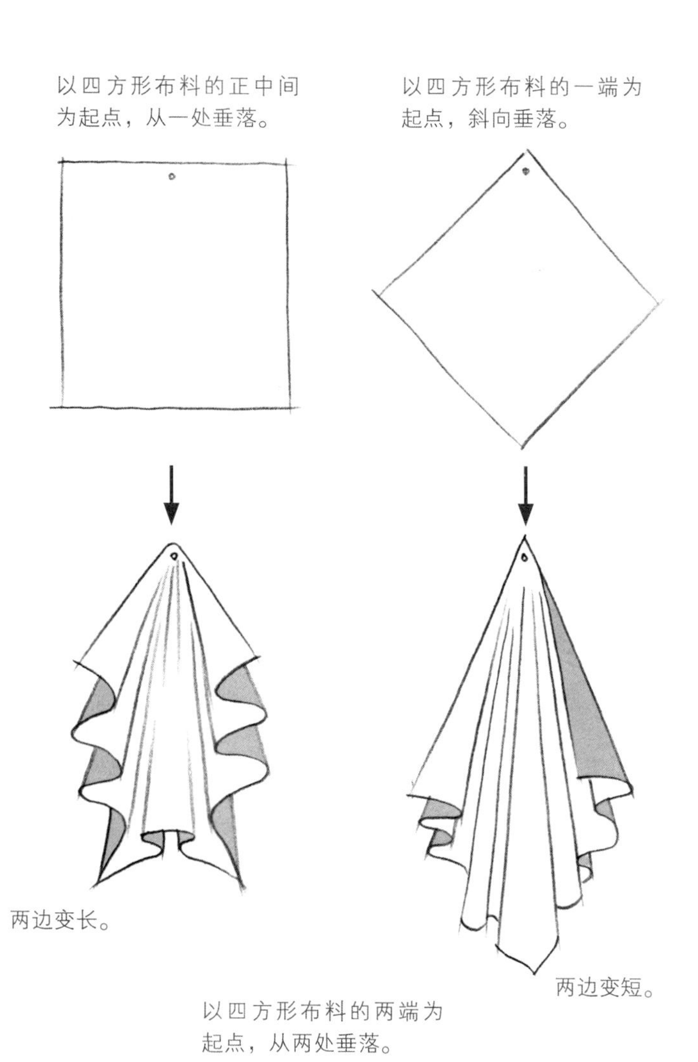

重叠悬垂

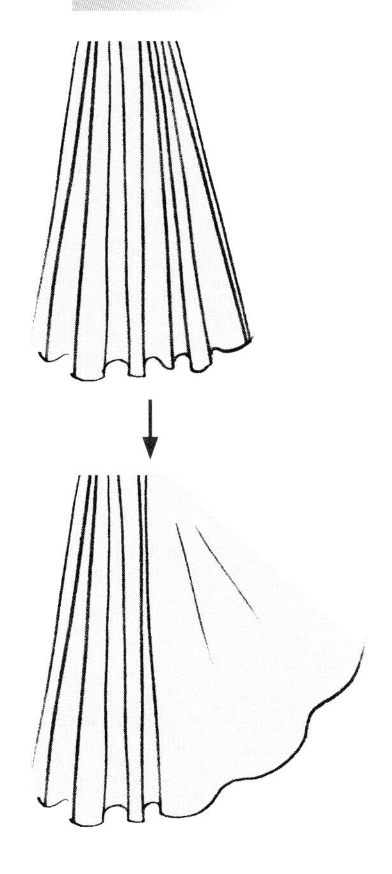

环形悬垂

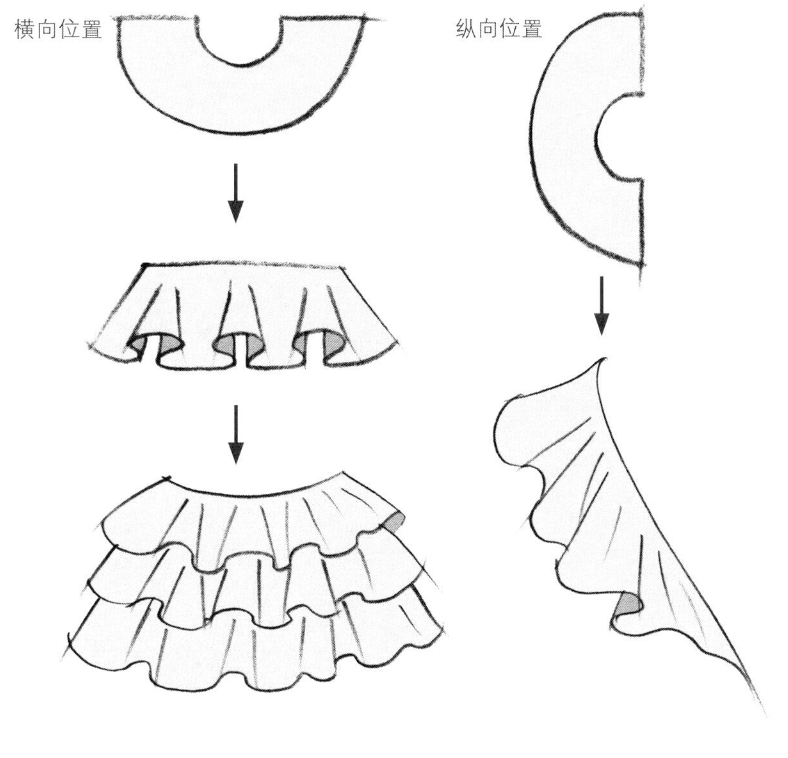

古希腊的服装，基本的穿着方式是直接将布裹在身体上，形成无比美丽的悬垂效果。此后褶皱也被看得很重要，越是上流社会的贵族，褶皱用得越多，奢侈地使用褶皱甚至成了权力的象征。

垂坠皱褶

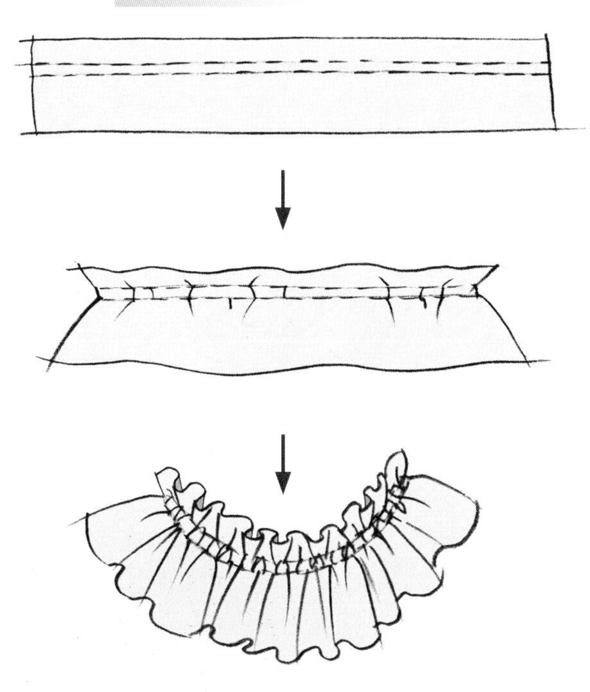

悬垂和图案的动向

根据悬垂的动向不同，图案会有很大的变化。比如条纹（竖条纹）从当中开始变成横向（横条纹），圆点也会扭曲，发生变化。

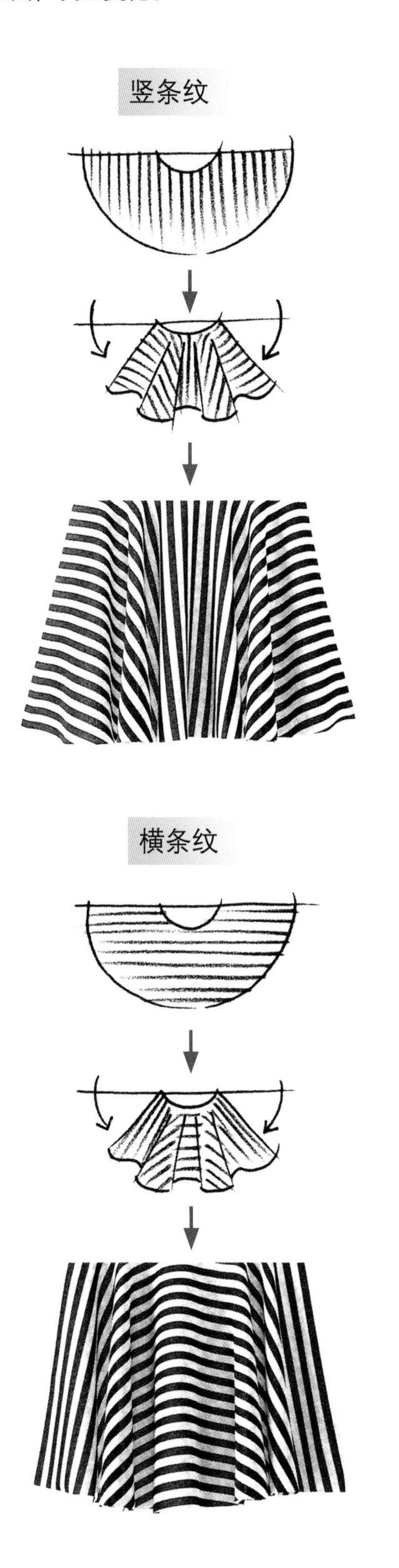

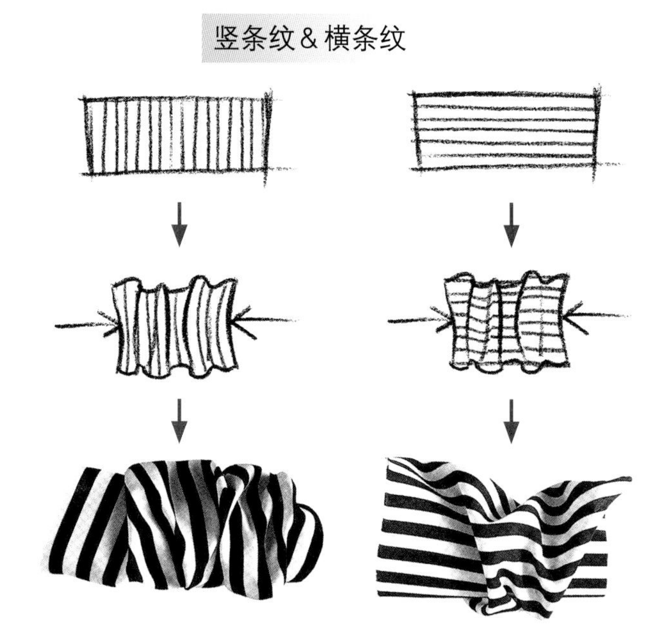

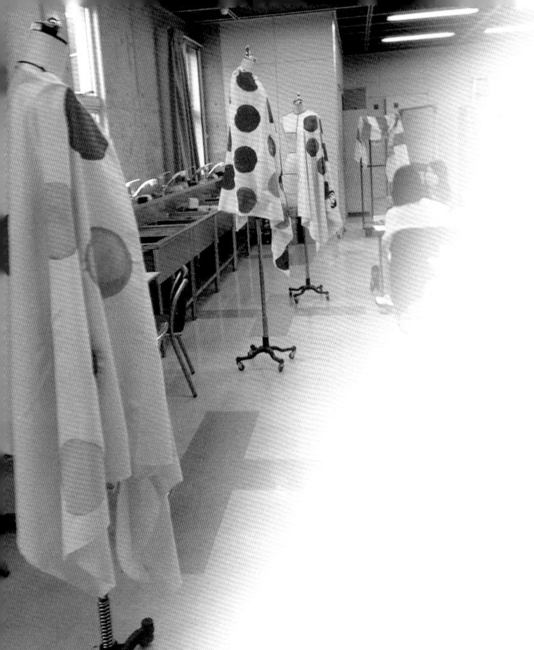

波尔卡圆点

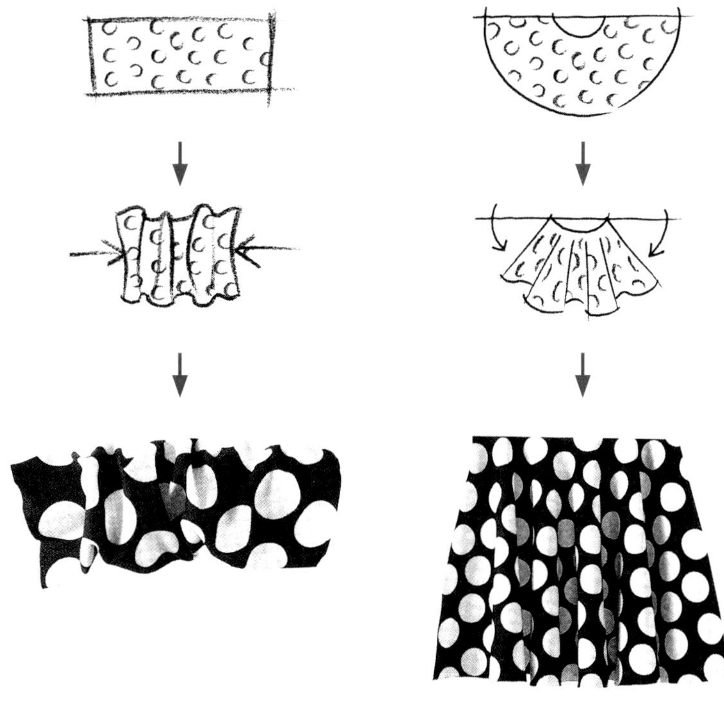

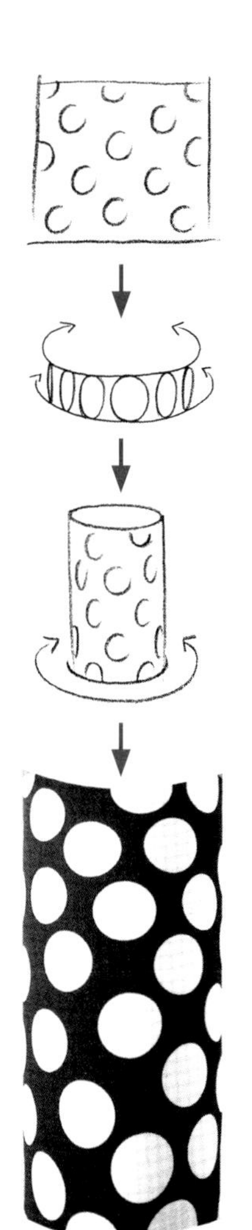

正圆变成立体的筒状的时候，侧面朝向两侧后就变成了椭圆。

一眼看上去貌似复杂的图案，可以置换成简单的形状，一边观察位置或大小的平衡，一边照着细节画下去。

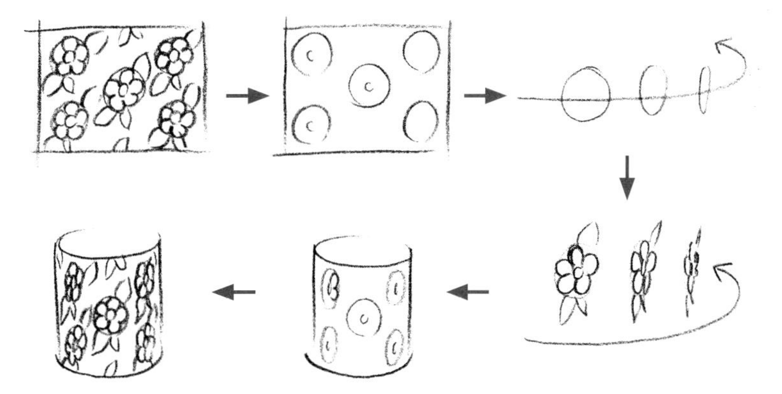

姿势的变奏曲

在草图阶段考虑姿势的时候，最需要重视的事情是如何传达出衣服所拥有的精神，以及如何让设计看上去富有魅力。

想让有分量感的衣服看上去轻盈的时候，有动感的姿势会很有效果；修身的裙子或者优雅的风格，那就要在静中选择把重心放在一条腿上取得平衡的姿势，这样会很有魅力。

重心在一只脚上强调出腰线的优雅的姿势。

突出裤子线条感，有透视感的重心在一只脚上的姿势。

行走姿势带着自
然的跃动感！
有点内八字脚的姿势
人见人爱。

虽然线条
简单，但能
感觉到动
感的姿势。
重心在一条腿上
的倾斜姿势能表
现出侧影的美丽。
从下面抬头往上看，
因为透视关系很有
跃动感。

运动型的姿势中也能强调出臀部线条，体现出女人味儿。

双排扣的平衡感很容易表现出上半身朝向正面的姿势。

就算是简单的
衣服，都很有
节奏感。
仰头往上看具
有透视感的大
胆姿势。

走路姿势是自然的、放松的感觉。
笔直的站姿，胸部是格外伸展开的。

Give
Go

第3章

上色

确定设计图像的时候，
素材和配色是非常大的因素。
虽然草图阶段按照自己所想的形象描绘出来了，
但是上色之后效果却很糟糕。
这样的事情时有发生。
用的画具越多，
技术就要越高超。
通过了解美术用纸的种类和画具的性质，
一定程度上能解决上述问题。
上色能使图像更生动地传播，
让我们享受绘画的世界吧。

Watercolor

用水彩画画

水彩用具

画水彩画不可或缺的画具之一，是能产生所有表现的画笔。水彩颜料有透明和不透明两种类型。透明水彩颜料的特点是重复涂抹后，能看到下面透出的颜色，它和上面重叠的颜色一起，产生的效果有微妙的变化，完成后有透明感。不透明水彩颜料的特点是重复涂抹后，下面的底色是看不出来的，不会产生渐变或者浓淡不均的情况，能使笔触变得均匀、厚重。如果用水加以稀释，又可以当作普通水彩颜料来使用，具有多样性和容易修改的优点。

❶水彩颜料 ❷浓缩块状固体水彩颜料 ❸颜彩颜料
❹彩色墨水 ❺丙烯颜料 ❻笔洗 ❼调色盘 ❽笔 ❾刷子

水彩用纸

❶Arches阿诗水彩纸（荒目）❷Arches阿诗水彩纸（细目）
法国制造的高级水彩纸，材质是100%棉的中性纸。用近似手工制作的方法制造出天然白色，是非常强韧的纸，用橡皮擦擦拭也不会掉纸屑，适合水彩、粉彩、彩色铅笔等。
❸法布亚诺水彩纸
意大利制造的高级水彩纸，100%棉的中性纸，白得非常美丽，拥有出色的着色力。因为具备容易上色、能吸收适度的水、耐刮擦的强韧度这些特点，最适合水彩、粉彩、彩色铅笔等。
❹Whatman水彩纸
英国制造的高级水彩纸，100%棉的中性纸，柔软的手感和能使着色生动的白色是其特点，最适合水彩、粉彩、彩色铅笔等。
❺康颂纸
中性，吸水性很强，绘画后也不太起皱的水彩纸。天然的白色，着色后会产生非常独特美丽的粗糙纹理，非常适于水彩、炭笔、粉彩、马克笔等。
❻BB肯特纸
表面光滑，纸质细致，很适合表现植物图谱这样的工笔画或者钢笔画，适于马克笔、铅笔。另外，具有适度的吸水性，细致绘图时，笔触多次重叠也不会有损表面。
❼肯特纸
表面有弹性，因此铅笔、墨水、马克笔等，粘附性很高，又不会渗染开来，着色度也很好。此外，橡皮也不会导致起屑，所以特别适合用于制图、详细版面设计图、刻木版的底稿、建筑效果图等。
❽Mermaid纸
纸质非常粗糙，有着独特的粗砺肌理，使用水彩、炭笔、粉彩的话表现得更为出色，此外，强韧的纸质很耐摩擦，不会起屑屑。

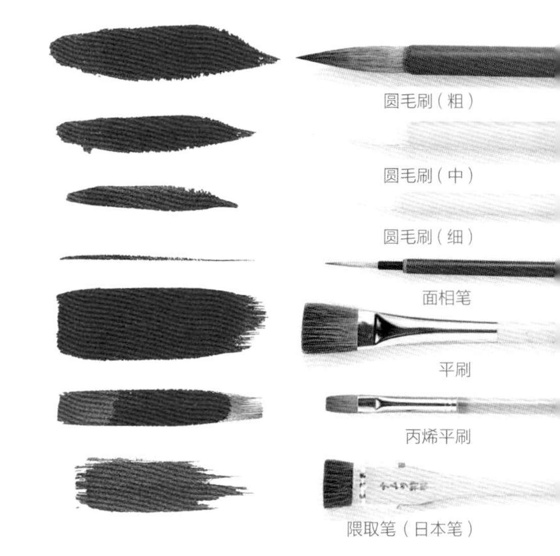

短发/眼睛

1 用肤色中最明亮的颜色薄薄地、几近均匀地涂抹全脸。眼睛和眉毛之间，鼻子下面和下唇下面，脖子以下、脸的轮廓部分，因为会形成阴影，所以涂得浓一点。

2 头发和脸相比，颜色更强烈的缘故，很容易涂得过浓，因此要注意。肤色部分干燥后，从头发颜色最明亮的地方开始涂画。波浪形头发，波浪高起部分会受光照耀，因此留白的同时画出灰色的部分。

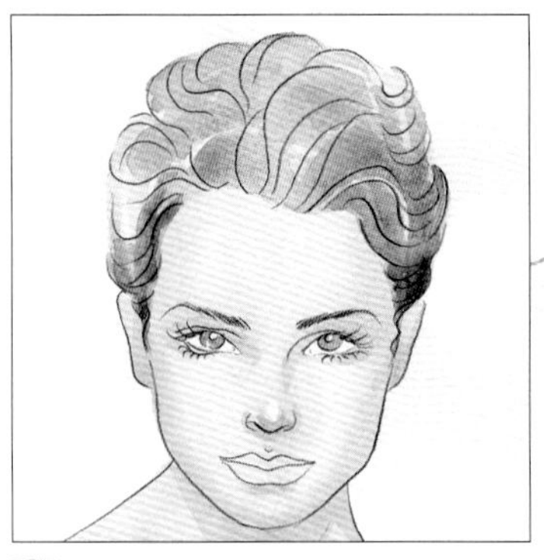

3 两边的发根和头发流动的影子部分，要浓淡得宜，这样才能体现出立体感。

1 描画轮廓。

2 头发与脸相比颜色强烈的缘故，涂抹浓密的黑眼珠部分时要注意浓淡。

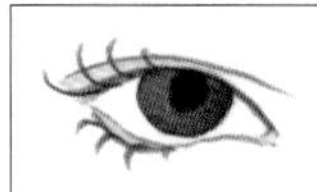

3 把瞳孔涂黑。

4 在瞳孔和黑眼珠的部分，朝向瞳孔要画出放射线状的白光。

4 用水彩为人像化妆时，要点是达到自然效果。如果要在脸颊上上腮红，在一大圈范围里大量沾水后一边晕色一边渗染。这种情况下需要注意的是，如果一直晕染到沾水范围，干后有时会出现斑点。产生阴影的上唇要涂得浓一点，下唇为了发出光泽，要留白，这样才能产生光泽感。

使用画材【不透明水彩颜料、蛋糕色固体水彩颜料、Arches阿诗水彩纸（细目）】

中长发/嘴部

1 一边注意浓淡一边涂抹肌肤。

2 肤色充分干燥后，一边注意浓淡一边涂抹头发。

3 一边观察整体状况，一边顺着波浪画出浓淡。这个时候，为了不让头发变得过于沉重，发根部位要浓，发梢部分要轻轻描绘。

4 脸的侧面会产生深深的阴影，因此要从侧面开始朝向脖子，逐渐加深描绘。

5 用水彩画成的妆容很容易不均匀，甚至出现斑点，直接用粉末状的粉饼、腮红、眼影之类的化妆用品来作画，又简单又有效。细节部分用擦笔仔细地擦除即可完成。

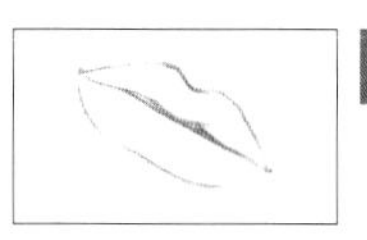

1 描画轮廓。

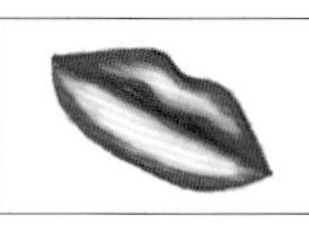

2 沿着嘴唇的轮廓浓浓地涂抹。

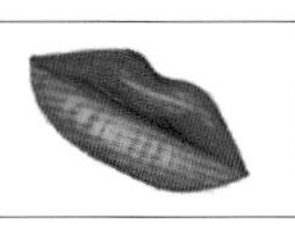

3 既保留了口红的光泽感，同时也产生晕染的立体感。

长发

■直发

1 描绘直发的时候要注意，发梢不能变得沉重。

2 一开始要明亮均匀地涂抹肤色。

3 光泽部分留白的同时薄薄地涂抹，顺着头发的流动，涂抹出浓淡。

4 充分干燥后，用明亮的颜色反复涂抹光泽部分。

5 最后化上妆后完成。

■波浪卷

1 波浪卷的长发，一边注意头发的流动是从哪个部分开始的，一边明亮均匀地涂抹肤色。

2 波浪卷量多的部分涂抹薄薄的一层而留下白色。

3 顺着波浪卷，浓浓地涂抹形成阴影的部分。

4 最后画上妆容。这里使用彩妆工具中的腮红完成。

使用画材【不透明水彩颜料、蛋糕色固体水彩颜料、Arches阿诗水彩纸（中目）】

用单色呈现出立体感

用不透明水彩颜料好好地涂抹着色的基本底色。注意光的方向，阴暗的部分浓涂，光的方向则薄薄地涂，浓一中一淡，这样显现出立体感。

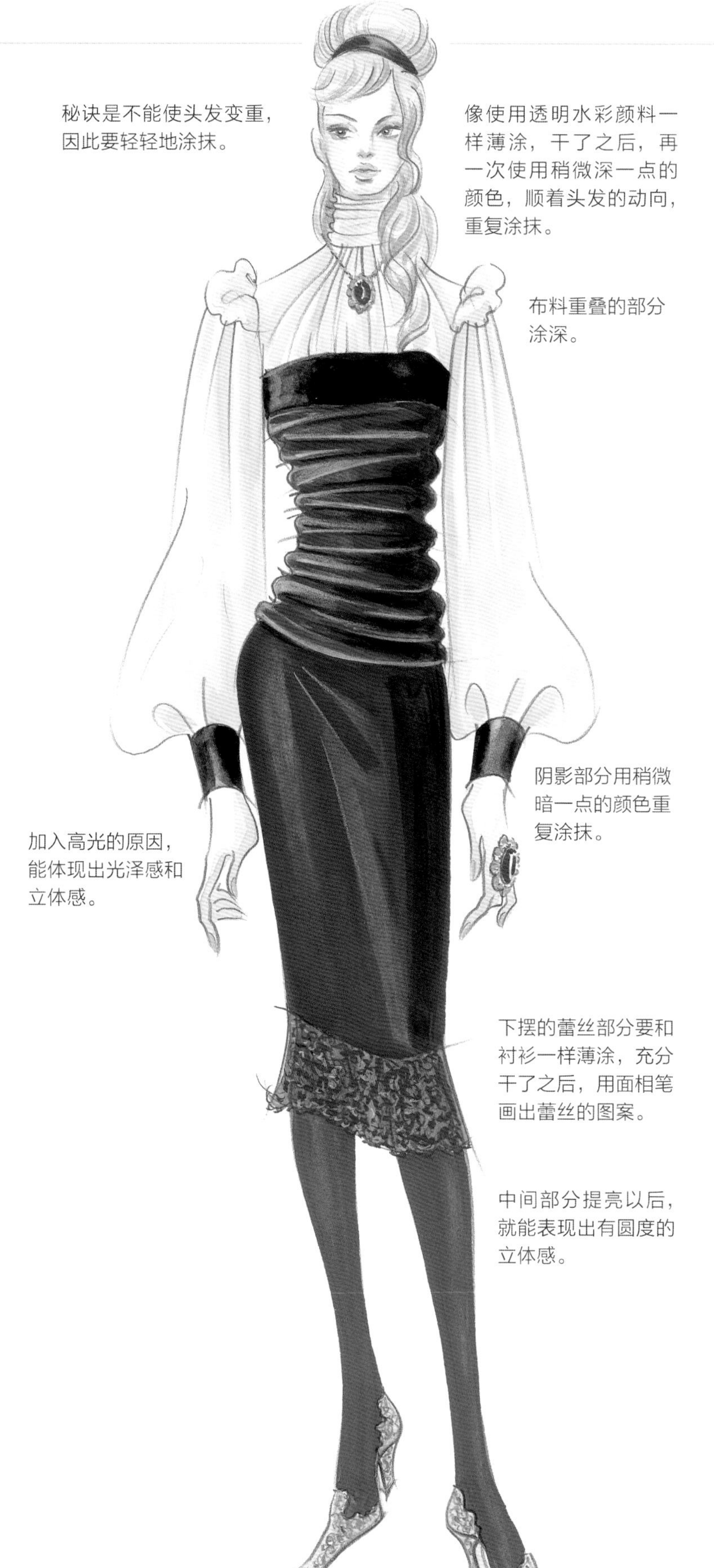

秘诀是不能使头发变重，因此要轻轻地涂抹。

像使用透明水彩颜料一样薄涂，干了之后，再一次使用稍微深一点的颜色，顺着头发的动向，重复涂抹。

布料重叠的部分涂深。

阴影部分用稍微暗一点的颜色重复涂抹。

加入高光的原因，能体现出光泽感和立体感。

下摆的蕾丝部分要和衬衫一样薄涂，充分干了之后，用面相笔画出蕾丝的图案。

中间部分提亮以后，就能表现出有圆度的立体感。

最后用白色的铅笔加入悬垂部分的高光后完成。

Q & A

颜色过浓导致立体感或形状出不来的情况下该怎么办?

1 用饱含大量水的笔使颜色浮出来。

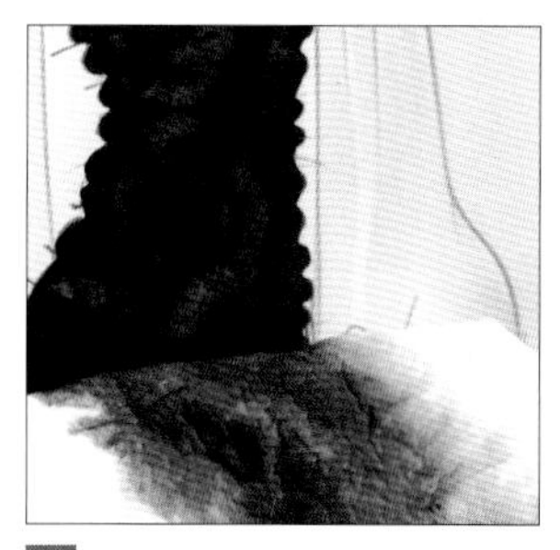

2 用纸巾擦拭掉浮上来的颜色，充分干透。

3 再一次，用白色的铅笔涂上颜色后完成。

透明的材料

上色的时候，不想再照葫芦画瓢复制粗略的设计草案，想画出新的线条，在这样的心情下开始描绘。

用圆毛刷涂抹出薄薄的肌底色，要点是，和具有透明感的衬衫重叠的部分也要用同样的色调涂抹。

1 好好地涂抹肤色。和具有透明感的衬衫重叠的部分也要用同样的色调涂抹。

2 内衣浓涂，和罩衫重叠的地方作为一个部分，薄薄地涂抹。衣物边缘会受到光线照射，所以要留白，以产生高光效果。

在粗略的设计草案上简单构想出设计要点、平衡感等。

3 充分干燥后整体薄薄地涂抹衬衫的颜色，重叠的部分或阴影的部分，用薄薄的蓝灰色重复涂抹。

4 用圆毛刷有强有弱地画出图案的花样。

5 花样的进深用颜色的深浅来表现。

6 最后用面相笔稍微浓涂一点阴影部分，用白色不透明水彩颜料加入高光后完成。

摩尔波纹花样

1 意识到斜上方而来的自然光，涂抹肤色。

※顺着脚的动向，描绘出悬垂的分量感。

3 用圆毛刷一边注意强弱，一边薄薄地描绘出摩尔波纹花样。

2 在白的底色上画花样的时候，如果从后面加入阴影，颜色会融开，从而弄脏画面。因此一开始用蓝灰色轻轻画好影子。

使用画材【不透明水彩颜料、彩色铅笔、Arches阿诗水彩纸（细目）】

珐琅颜料

1 光泽材料的光和影的颜色差别很大，不规则地涂抹会使光照射到的部分变白，同时体现出珐琅颜料独特的黏滑感。因为很复杂，完成后容易弄脏画面，所以要顺着结构线的边缘涂抹，这样具有清晰立体感的线条就能显示出来了。

2 要用含水的笔像要溶化它似的涂抹。

3 不要均匀涂抹，而要生成随意的笔触，涂抹时而完全贴服，时而就这样留着。

4 最后用白的不透明水彩颜料加入高光后完成。

5 画裤子的时候要意识到斜向而来的自然光，光照到的部分要淡，影子的部分要浓密，浓–中–淡的方式立体地完成。

使用画材【不透明水彩颜料、彩色铅笔、Arches阿诗水彩纸（细目）】

人字纹

3 平刷斜握，随意画上斜线（人字纹）。在竖线当中画斜线，会产生织物的质感。

4 平刷反向斜拿，在竖线与竖线之间画“八”字。

5 画完以后，如果想让影子部分稍微浓一点，用灰色马克笔薄薄涂上一层就可以了。

使用画材【不透明水彩颜料、彩色铅笔、Arches阿诗水彩纸（细目）】

金银线材料

1 以明亮的颜色为中心，浓淡相宜地涂抹整条裙子的底色。秘诀是脑子里要想着天鹅绒般厚重的光泽感去完成它。

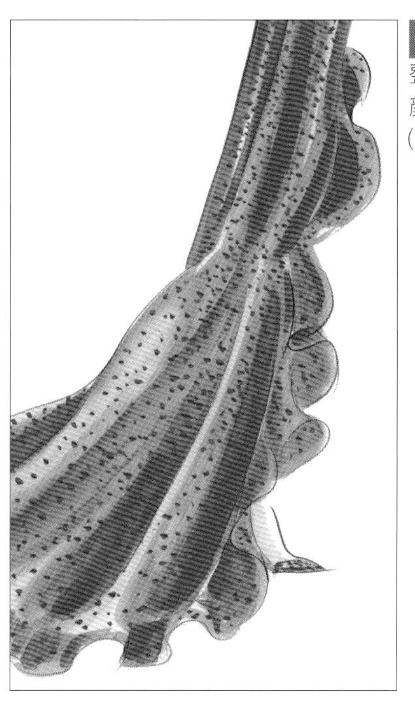

2 用面相笔，选择与整体涂抹的底色相同的颜色，画出金银线部分（轻轻地、不规则地）。

3 选择比底色深一号的颜色再次描绘金银线部分，体现出进深感。

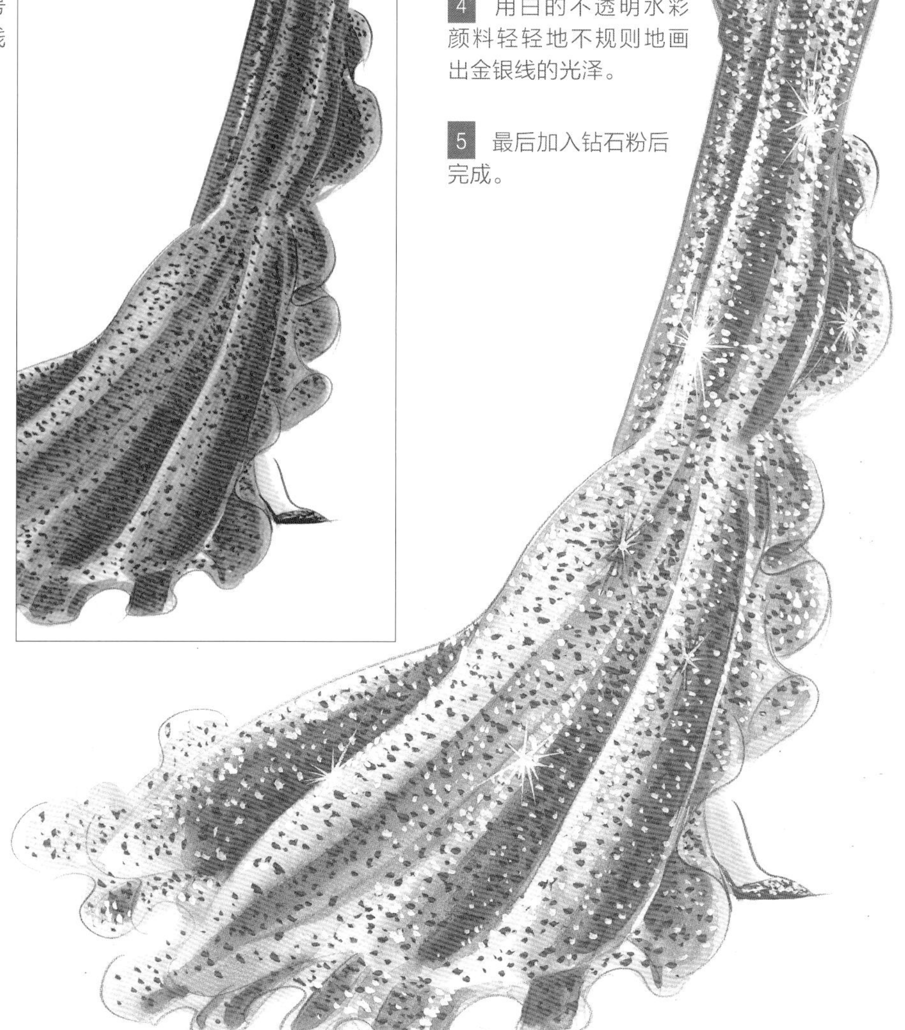

4 用白的不透明水彩颜料轻轻地不规则地画出金银线的光泽。

5 最后加入钻石粉后完成。

千鸟格（犬牙织纹）

千鸟格 I

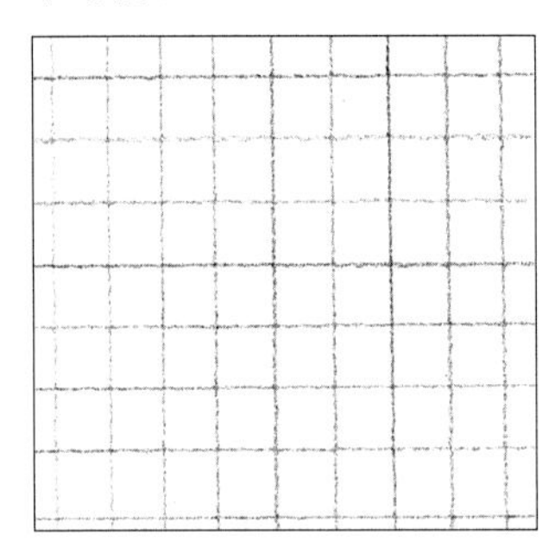

1 配合格子的大小，用铅笔轻轻画出作为基准线的竖线和横线。

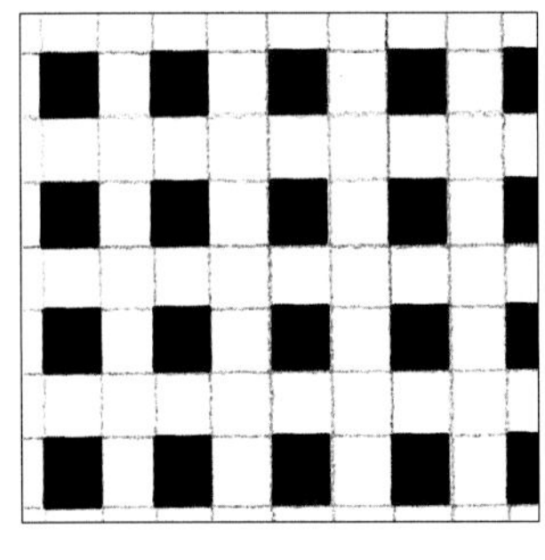

2 一个隔一个地涂格子。（用尼龙平刷能简单画出清晰边缘）

3 斜着拿平刷，画出犬牙部分。

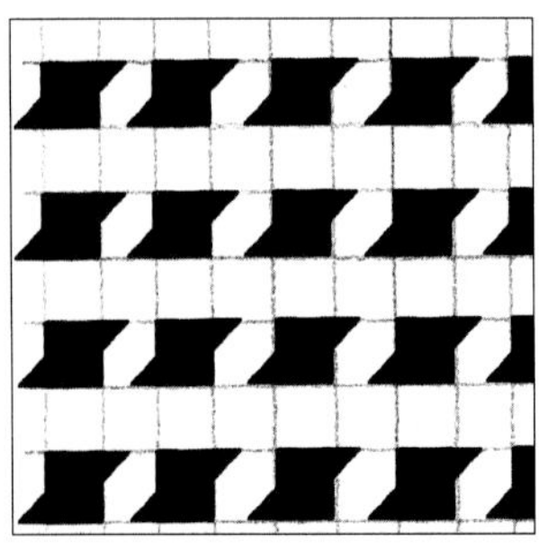

4 相同手法，画出右上角的犬牙部分。

5 在格子与格子之间加入斜线后完成。

千鸟格 II

1 在打底的颜色充分干燥后，用铅笔轻轻画出作为基准线的竖线和横线。斜着拿平刷，一个隔一个地画上菱形图案。

2 斜着拿平刷，画出右向上的斜线。

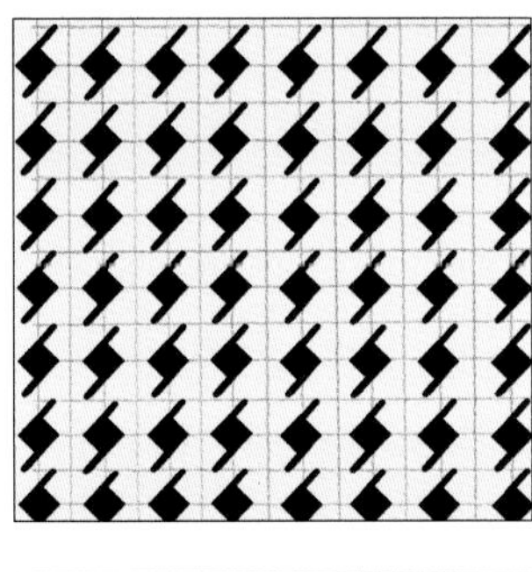

3 接下来画出左向下的斜线。

4 换手拿平刷，同样方法加上左向上的斜线。

5 最后加上右向下的斜线后完成。

1 按照千鸟格的大小，用铅笔轻轻画出作为基准线的竖线和横线。

2 用对清晰边缘很有效的尼龙平刷，一个隔一个地涂格子。

3 斜握尼龙平刷，随意地加上斜线。

使用画材【不透明水彩颜料、彩色铅笔、Arches阿诗水彩纸（细目）】

毛皮

1 要描绘出毛皮饱满的很有分量感的外观，轮廓要轻轻地描绘出毛皮的绒绒的厚实质感。

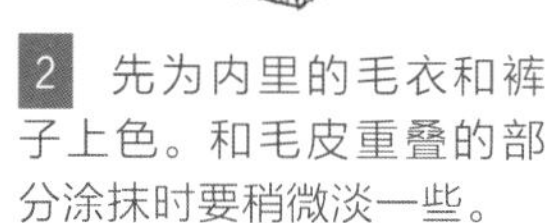

2 先为内里的毛衣和裤子上色。和毛皮重叠的部分涂抹时要稍微淡一些。

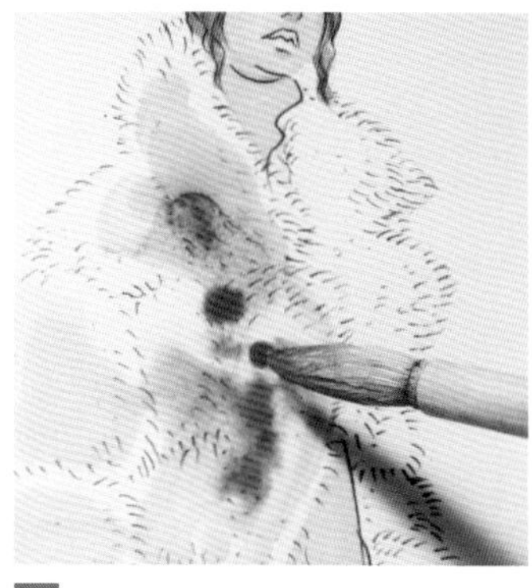

3 圆毛刷蘸满水分，先画上明亮的颜色，在还没干的时候接着滴入深的颜色，晕开来的时候产生出浓淡。

4 在画毛皮底色的时候，不要涂得平平的，晕染效果能使毛的部分产生微妙的变化，让人感觉到光的存在。

应用表现

羊毛或羽毛这样的材料，如果改变轮廓，底色部分就会变得模糊。等充分干燥后，用相同颜色的粉彩足量涂抹，会形成有进深的羊毛质感。画羽毛的画，和画毛皮一样，要画出浓浓的蓬松毛感。

模糊的底色和毛的描绘的协同作用，使人感觉到微妙的动感和光感。

5 用极细的面相笔，在颜色明亮的部分，以相同的颜色，浓淡有致地描绘出毛的质感。

6 深色的部分也以相同的颜色，浓淡有致地描绘出毛的质感，需要极其耐心细致地描绘，才能体现出毛皮的高贵感。

7 最后用白色画出毛的光泽度后完成。如果用锌白这种白色，有点过于强烈了，毛会很容易变硬，因此混合珍珠白后可以变得柔和。

重叠部分的处理能体现出分量感。

用同色的彩色铅笔在牛仔布上画上斜线产生斜纹。

使用画材【不透明水彩颜料、彩色铅笔、Arches阿诗水彩纸（细目）】

Marker
用马克笔画画

关于马克笔

能快速地渗透，不会变得浑浊；着色鲜明而美丽；透明度高，即便颜色重叠添加后混色，色彩度也不会下降；完成的笔触具有速度感。此外，可以和其他各种各样的画材搭配使用，所以用途很广泛。

马克笔的种类

素描笔的笔尖宽度

0.03mm
0.05mm
0.1mm
0.3mm
0.5mm
0.8mm
1.0mm

❶酒精性油性马克笔
笔尖是粗粗的硬毡头，所以能迅速渗透纸面，着色近似彩色墨水，不会变得浑浊，即便重复涂抹，还是能透出底下的颜色。因为不能混色，和彩色铅笔等一样，要注意颜色的色号。
※使用“0”号（Colorless Blender）无色马克笔，可以在一定程度达到渐变、晕染效果。
❷水性马克笔
和油性马克笔一样描绘时不会渗溢出，适合描绘条纹和细腻的花样。因为它很容易变得不均匀，所以不适合大面积涂抹。
❸素描笔
特点是耐水，笔迹秀丽。笔尖宽度从0.03毫米到1.0毫米，很适合勾画轮廓时使用。浓度也高，干燥性也很好。
❹书法笔
不需要磨墨，可以像毛笔一样描绘出有强有弱的线条。通过渗透、枯笔等技巧，可以绘制具有独特味道的插图。和水彩合在一起使用时，要选择易干和耐水的型号。
❺凝胶状水性颜料型墨水笔（又称中性笔、中性墨水笔）
颜色鲜艳浓烈，不会渗溢，所以在描绘条纹或棋盘格等细致图案时很方便。

※Copic Sketch 二代马克笔（双头的形状），Super Brush&Medium Broad
这里介绍的，靠近笔尖部位的笔杆凹进去，有“腰”的感觉，使用起来超级方便，一头是超级刷头，一头是有角的斜方头，这种双头组合还有其他品种。

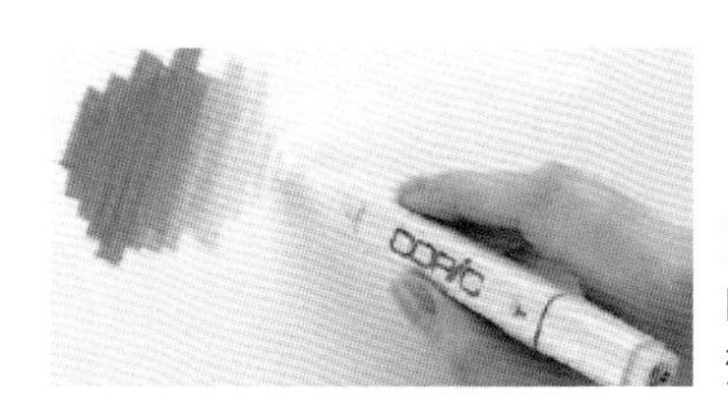

※Colorless Blender无色马克笔
因为装入了无色的墨水，所以这种作为溶剂的马克笔，一定程度上能表现渐变或晕色的效果。

注意：因为快干的缘故，容易不均匀。
重复涂抹可以一定程度上防止不均匀现象产生，但是每次重复涂抹后都会使颜色加深。考虑到需要重复，最好是用比图像淡一号的颜色涂。图像颜色、比图像颜色淡一号的颜色、比图像颜色深一号的颜色，准备三支涂抹，就既不会出现不均现象，又能产生立体感。根据用纸种类或颜色不同，也可能会出现不均匀情况，所以一定要在同样的纸上先试着涂抹看看。

浓・中・淡画出立体感

1 在涂抹肌肤时腮红部位要先用深色涂抹，再用薄薄的肤色，在上面多次重复涂抹，这样才能和肌肤融为一体，完成后产生出自然的感觉。

2 用深色涂抹大衣的影子部分。

3 留着最明亮的部分的同时，用和明亮的部分一个色号的中间色涂抹。

4 用超级刷的淡色多次重复涂抹直到融为一体后涂抹全部。

5 告一段落后，用浅颜色涂抹透明的材料重叠的部分。

6 用轻轻的笔触为围巾着色。

7 最后使用面相笔，蘸上白色不透明水彩颜料，画出围巾的图案和高光后完成。

8 毛皮要顺着毛的流动或方向着色。

9 靴子要强调浓淡相宜，这样描绘出来才能表现出硬硬的质感。

使用画材【素描笔、油性马克笔、彩色铅笔、法布亚诺水彩纸（细目）】

针织物

1 意识到针织罗纹的存在，描绘轮廓。
2 涂抹底色，照到光的部分留白。
3 用淡一号的颜色反复涂抹，使之融为一体。
4 利用粗条的边缘，描绘针织的编织图案。（边缘如果处理得很圆润，就能表现出针织的编织感了。）
画裤子的条纹花样时要有意识地感受布本身的质感。

5 使用面相笔，蘸上白色不透明水彩颜料，描绘图案。

6 用深灰色画上暗影。

7 用白色的铅笔完成。

使用画材【素描笔、油性马克笔、水性马克笔、彩色铅笔、法布亚诺水彩纸（细目）】

Various Painting Tools

用各种各样的画材绘画

各种各样的画材

想要表现出一种如烟的透明感，粉彩颜料要比水彩颜料合适，但如果是想要清澈的透明感，则水彩更合适。只有知道每种画材各自拥有的特点，善加发挥的同时结合在一起使用，多种多样的表现使得利用范围也会扩大。这里介绍的画材以外的东西还有很多，另外，并没有当作画材来使用的东西当中，也可能会产生出意外的效果。所以不要害怕失败，尽管尝试吧。反过来，从失败中发现新的可能性的事也是经常有的。

画材

画画时使用的画材无限多，在这里介绍的画材只是其中极小一部分，选择的要点是谁都能轻易地使用，能简单表现出设计、结构、颜色或花纹、材料等。

❶粉彩颜料

只需要用手指涂抹的基本技法非常简单，能轻松掌握；颜色数量丰富，从轻快的纤细的笔触到有深度的笔触，可表现的范围很广泛。有软性、中硬、硬性三种，硬性粉彩很硬，适合色彩度低的大胆描绘，反之，软性粉彩的色彩度很高，很脆弱，但伸展性很好，能描画出纤细感。

❷彩色铅笔

彩色铅笔和平时使用惯了的铅笔同样感觉，因此很轻松就能掌握。颜色丰富，连很细微的地方也能描画，和其他画材的默契度也很高。改变下笔重度或方向、速度，会产生各种各样的变化。另外，也可以享受各种各样混色的乐趣。

❸水彩色铅笔

普通地描绘后，从上面湿水，立即就会溶化开来，产生水彩画一样的感觉。能表现出淡淡的水彩画。如果不蘸水，就和普通的彩色铅笔一样。

❹墨水

不会变得浑浊，着色很鲜明，拥有出众的透明性是其特点。用水稀释后，也可以混色。完全干燥后会变得有耐水性，所以和粉彩颜料、彩色铅笔也很相配，组合在一起描绘后别具一番深意。

❺彩色蜡笔

彩色蜡笔是将融化的蜡和颜料混合在一起，做成的棒状凝固的画具材料。它不像彩色铅笔那样锋利，也不用削笔，您可以在不弄脏手的情况下轻松地用蜡笔绘制，享受良好的色彩感。

❻耐水性·颜料·中粘度凝胶状水性颜料型墨水笔（中性笔，又称中性墨水笔）

因为可以在颜料的表面上涂抹，所以可以用来画细腻的图案、银色的拉链、金色的纽扣等等，很有效果。

❼擦笔

擦粉彩画等，使之虚化开来时使用。尤其是在需要涂细小的部分时很有用。

保暖材料

1 一开始先涂上皮肤的颜色，充分干燥后，用美工刀将软粉彩的粉末撒在想要颜色最浓的地方。一边用手指擦拭粉彩，一边向外延伸。

2 想要颜色浓的地方就多用点力，想要淡点的地方就轻轻地处理，这样就能表现出立体感。

3 用彩铅描画皮毛，为了产生一定的进深，使用黑色和深灰色两种颜色。

粉彩颜料

粉彩的粉要是飞散开，就会弄脏画面，上色时为了不让空白的地方被污染，要一点点看情况撒粉。涂抹后多余的粉要把它吹走，超出范围的部分要用橡皮擦擦拭掉。

Fixative（固色剂、定画液）

粉彩要是用手去触碰的话，很容易就会掉色，因此完成后，要用固色剂固定粉彩。突然很猛地喷洒的话，会产生斑点，或者扬吹起了粉，使得画面被弄脏，因此要整体薄薄地均匀地喷涂。

※如果想使颜色显示出深度，用一次固色剂定画、干燥后，再次重新涂抹。

4 使用粉彩铅笔来画毛绒，通过使用两种颜色来表现出深浅与厚度。

5 使用擦笔，由内而外，一边顺着毛的动向擦，一边晕开。

6 用白色铅笔描绘出毛的高光后完成。

7 最后用白色铅笔勾勒高光区完成整幅画。

8 裤子是用黑色和茶色两种颜色直接反复涂抹。

皮革

1 确定粗略的设计草案。

2 整理线条，喷涂肌肤底色的阴影。

3 用粉彩铅笔涂抹会成为阴影的浓重部分。

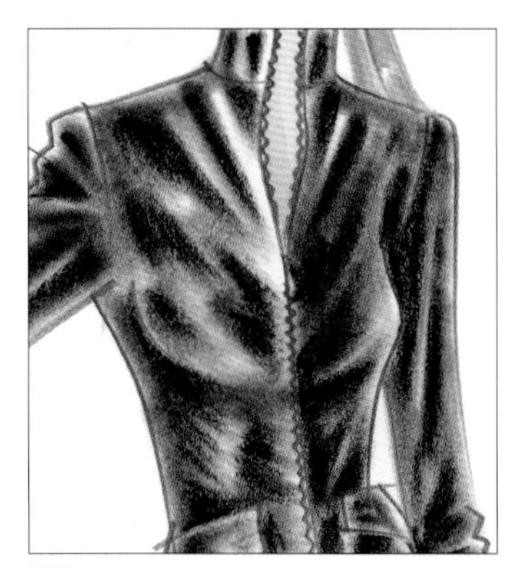

4 一边要保留光照部分，一边用擦笔顺着布料的方向擦拭，虚化开。

5 一边观察着整体状况，一边涂抹还不够的地方，强调出质感。

6 想要强调的部分或明亮的部分，使用橡皮泥擦去些颜色后显现出光泽感。

7 用装有颜料墨水的银色闪光笔描绘拉链。

8 在阴影部分稍微使用面相笔。

9 最后用白色铅笔（柔和的油性彩铅）完成。

Q & A

颜色太浓以后，立体感出不来的情况该怎么解决?

用橡皮泥擦拭，用白色粉彩在光照部分描绘，使用擦笔晕开。用白色铅笔完成。

闪光材料

1 用素描笔喷涂的时候，不要让线条变硬，要用轻轻滑过的方式描绘。

2 反射光的强弱能使光泽材料产生复杂性，所以涂底色的时候要清楚地画出明暗。

3 用淡淡的颜色涂好的底色上加上用颜料墨水的圆珠笔描绘出织物的纤细感。

在追求不同光泽的状况下，用白色颜料墨水的圆珠笔加上交叉线画成的阴影加以表现。

4 使用极细的面相笔，用白色不透明水彩颜料加绘出织物感，发出织线的光泽。

5 用不透明的不可擦白色马克笔表现复杂的光泽，最后撒上钻石粉完成。

使用画材［马克笔·凝胶墨水圆珠笔·阿诗水彩纸（细目）］

各种各样绘画材料的组合

阿斯特拉罕羔皮

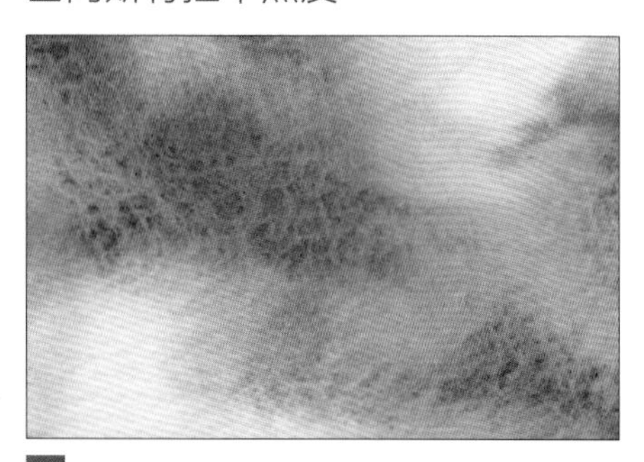

1 用吸满水的圆毛刷滴下颜色，慢慢地渗染颜色。

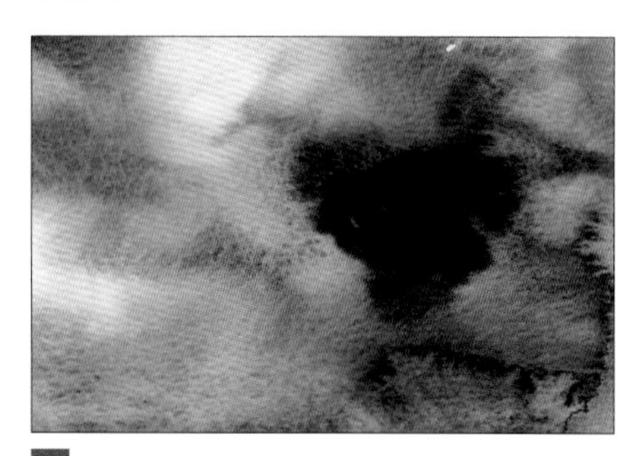

2 在一些地方加上浓一 点的颜色，显出深浅。

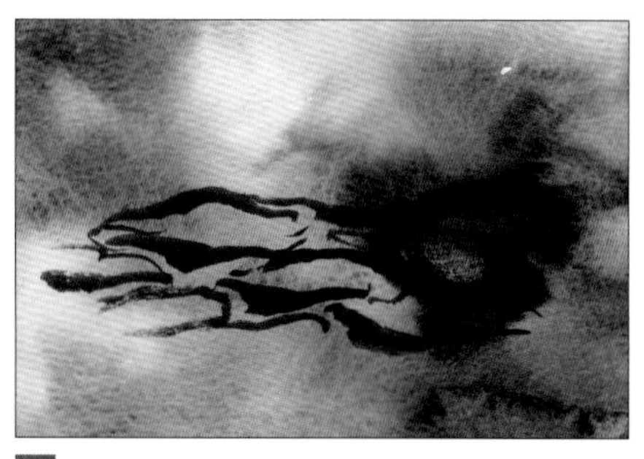

3 先使纸干透，在底色上运用不同的浓淡来画出阿斯特拉罕羔皮的样子，注意勾出轮廓。

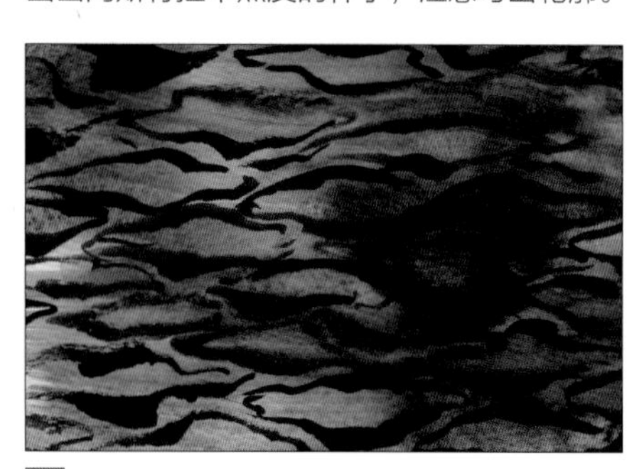

4 用相同颜色的粉彩来加以描绘出绒毛的立体感。

鳄鱼皮

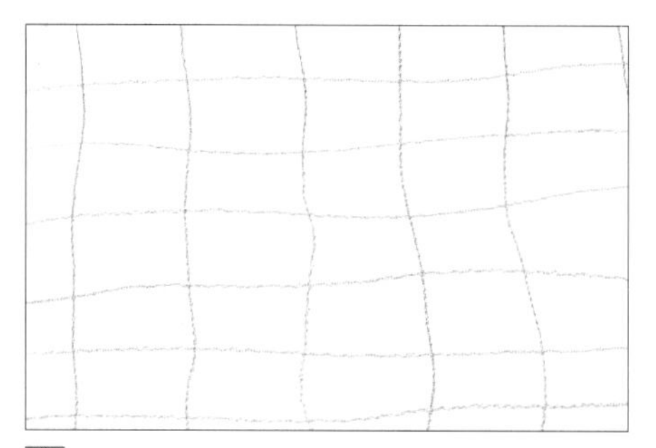

1 轻轻拉出作为标准的结构线。

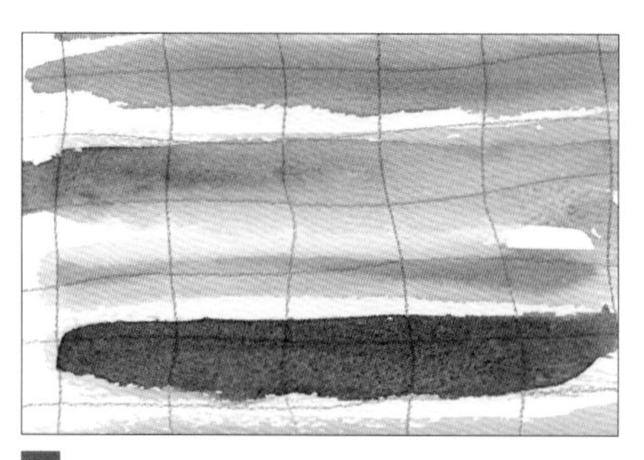

2 留出高光部分，其余部分画上不同浓淡的色块。

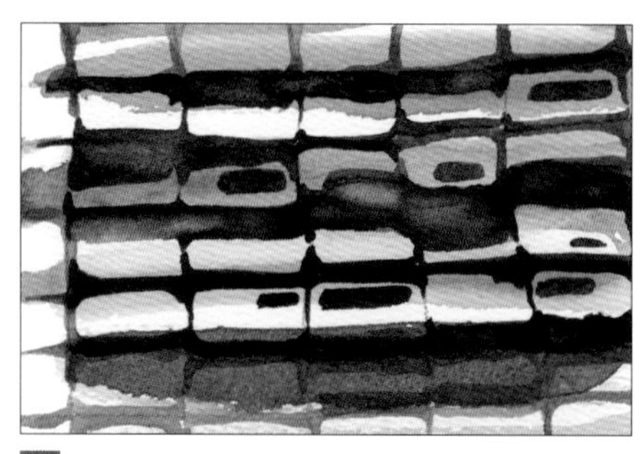

3 为了突出鳄鱼鳞片的效果，阴影部分涂浓。

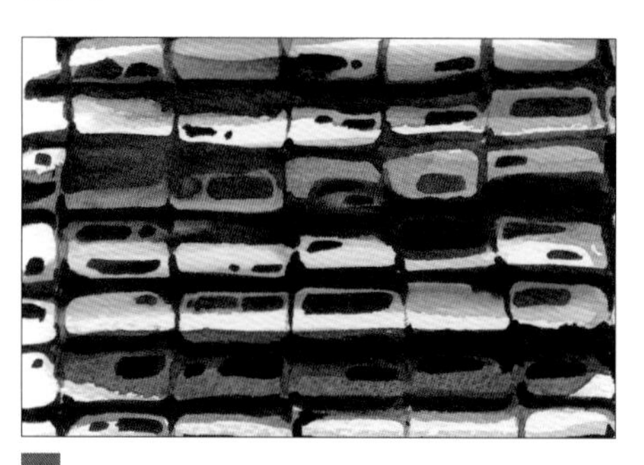

4 在考虑整体平衡的情况下，最后完成鳞片的阴影，描绘出光泽感。

■针织物

1 用不透明水彩颜料以稍深的颜色厚实地涂上基本底色。

2 将彩铅横握，轻柔地画上斜线。

3 根据整体的效果来增减色彩的强弱，用不同的笔触画上一些细节，这种粗糙的表面感即可引出编了一次又一次、毛线叠毛线的素材感。

轻柔快速地画出外套的轮廓。

在画有厚度的大衣的时候，为了表现出大衣宽大的质感，要用更能体现出分量感的圆润线条。

使用画材［不透明水彩颜料・油性马克笔・软粉彩・彩铅・Mermaid纸（细目）］

作品展示·1

使用画材［一次性筷子、毛刷、墨汁、不透明水彩颜料］

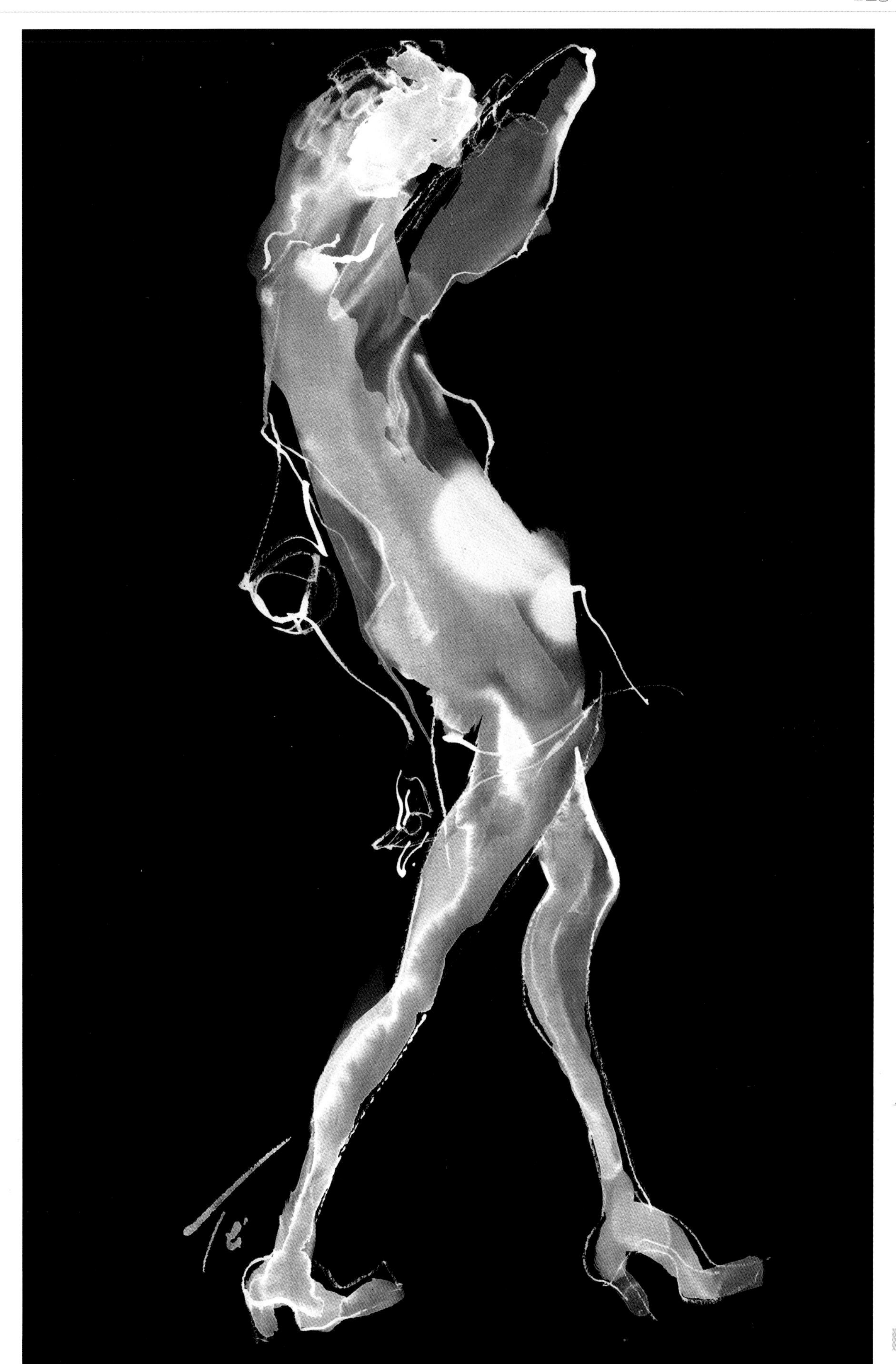

作品展示・2

使用画材［一次性筷子、毛刷、墨汁、不透明水彩颜料］

第4章

用Photoshop作画

在时尚商务的实际工作中，
用电子数据进行演示，现在已经成为
日常必备，而要提出设计方案、
制作富有个性的计划书，
Photoshop是不可或缺的工具。
在本章里将使用提供的文件，
通过演示制作素材、设计稿、
企划书等实际作品，
学习丰富多彩的技巧，
掌握Photoshop的基本功。

关于色彩

❶ RGB 颜色和 CMYK 颜色

从显示器等看到的色光，是由三原色R（红）G（绿）B（蓝）混合而成，越混和亮度越高而接近于白色，这被称作“加法混色”。

相对地，印刷品等看到的颜料，是由青（Cyan）、品红（Magenta）、黄（Yellow）混合而成，越混合亮度越低而接近黑色，这被称作“减法混色”。在印刷原色里，为了突出黑色，另外加入黑（Black），最终用CMYK四色进行色彩表现。

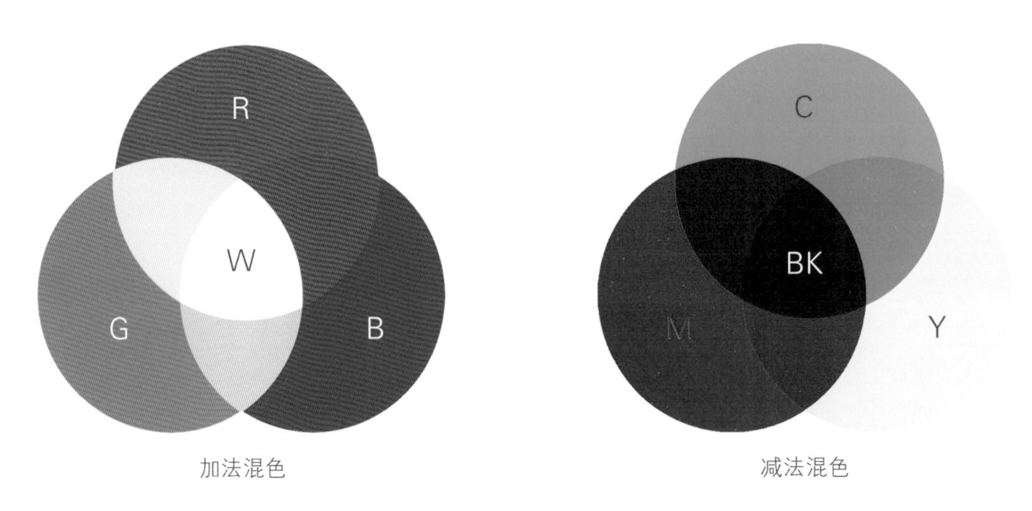

加法混色　　减法混色

❷以 CMYK 的十二色相环为基础创造了颜色

在CMYK中，单色，加上两色各100%混合，再加上两色中的一种混50%，即可组成十二色的色相环。根据印刷原色的原理，它们都是各自色相中饱和度最高的颜色（即“纯色”）。

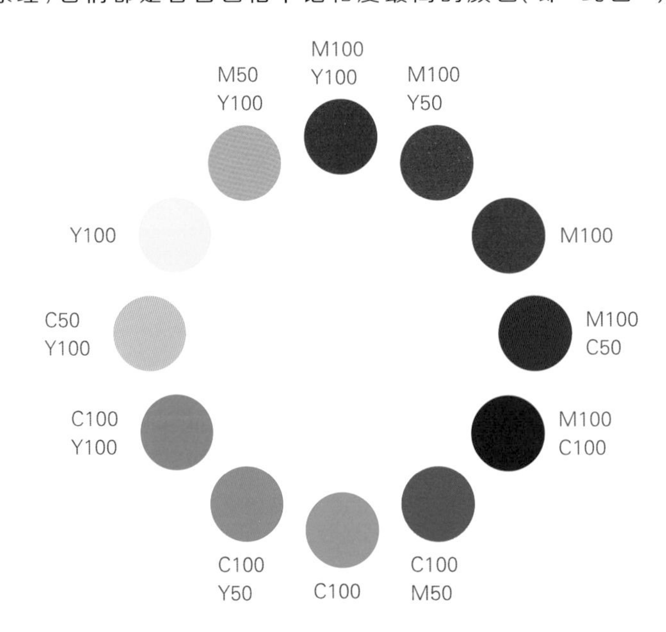

在决定颜色时，先按纯色挑选色相，再按照“亮度”“饱和度”的顺序操作，能够比较简单地做出复杂颜色来。“亮度”方面，降低每种混色的百分比就会更亮，如果增加百分比就会变暗；“饱和度”方面，加入CMYK中原本没有的颜色，就会变得浑浊。

❶用Photoshop选择颜色的方法

颜色的选择方法有好几种。使用“吸管”工具、“颜色”面板、“色板”面板或者“拾色器”，都可以指定新的“前景色”或“背景色”。

❶“工具”面板的“前景色”、“背景色”的颜色选择框

A. 返回默认前景色、背景色的图标
B. 切换前景色、背景色的图标
C. 前景色选择框
D. 背景色选择框

A.返回默认前景色、背景色的图标
C.前景色选择框
B.切换前景色、背景色的图标
D.背景色选择框

❷使用“吸管”工具选择颜色

用吸管工具采集色样，以指定新的前景色或背景色。用户可以从现用画像或者屏幕上任何位置采集色样。

“吸管”工具

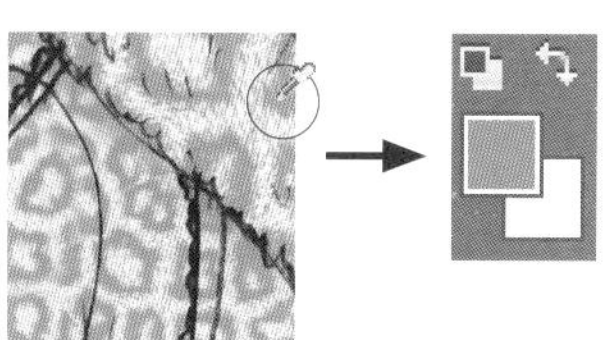

将吸管尖放到想要抽取的颜色上点击，就可以吸取成为前景色。

❸ 使用“拾色器”选择颜色

点击前景色，即会出现“拾色器”。可以在HSB、RGB和Lab的文本框中输入颜色分量值，或者通过使用颜色滑块或色域来选择颜色。要使用颜色滑块和色域来选取颜色时，请在颜色滑块中单击，或者移动颜色滑块三角形以设置一个颜色分量。

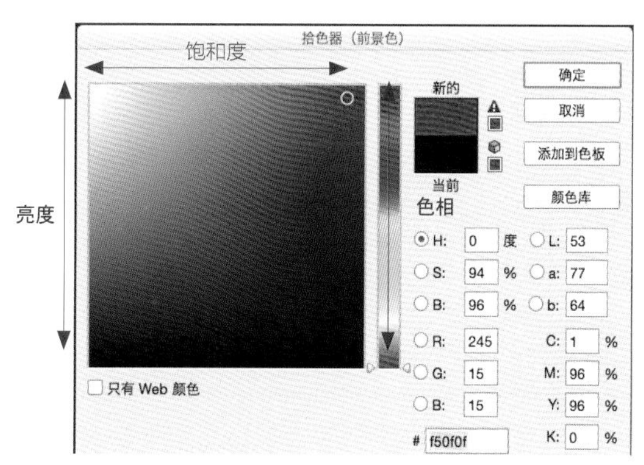

Photoshop的拾色器。可以分别操作色相、明度和彩度这三个属性以决定颜色。

❹ 使用“色板”面板进行颜色的选择、追加及删除

光标移动到“色板”面板上，就变成吸管工具。将吸管尖端对准要选择的颜色后点击，即成为前景色。“色板”面板里可以添加或删除。点击“色板”面板中“添加到色板”按钮，即可添加新颜色。想删除已添加的色板时，将色板拖动到“删除”图标上。

“色板”面板

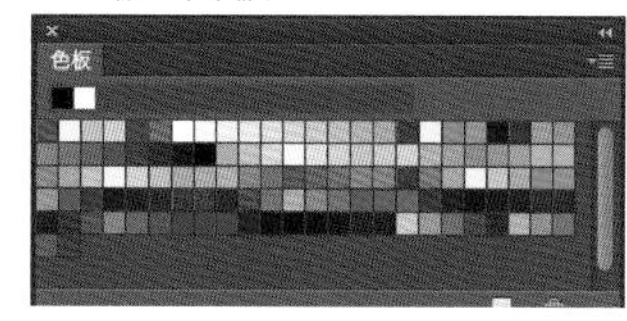

在色板上添加颜色
1. 选中要添加的颜色，作为前景色。
2. 执行以下任意一个操作。
点击色板面板里“创建前景色的新色板”按钮。或者从色板面板的菜单里选择“新建色板”。将光标放到色板面板下方空白处（光标会变成油漆桶工具）点击添加颜色。

❺ 使用“颜色”面板选择颜色

在“颜色”（“窗口”>“颜色”）里，显示了当前前景色和背景色的颜色值。使用颜色面板中的滑块，可以用不同的颜色模型来编辑前景色和背景色。另外，也可以从显示在面板底部的四色曲线图中的色谱中选取前景色或背景色。

“颜色”面板

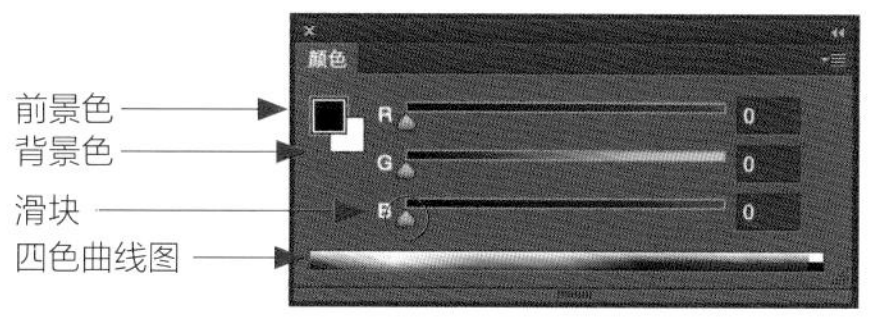

选择颜色时，颜色面板里可能会出现以下警告：
- 当选取的颜色不能用CMYK油墨印刷时，四色曲线图左上方会出现一个三角形的警告图标。
- 当选取的颜色不是Web安全色时，四色曲线图左上方会出现一个方形图标。

Photoshop的工具箱

“工具箱”是为了加工图像时选择各种各样需要工具的一个特殊窗口。点击工具箱中所显示的图标，即可选中工具。

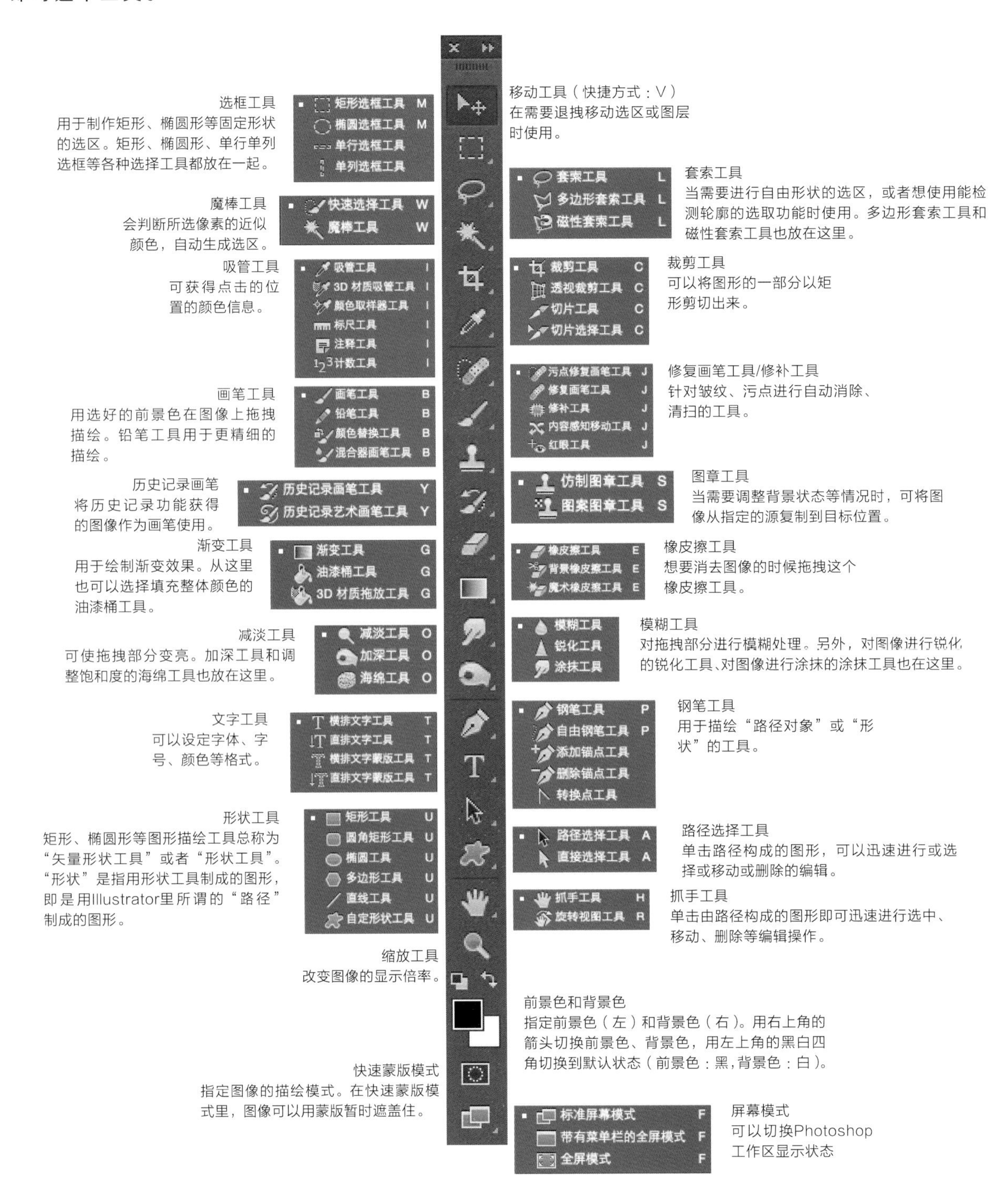

Photoshop的面板

当需要对图像修正、变更、确认时进行操作。根据需要可以将面板折叠、隐藏或者与其他面板堆叠起来。

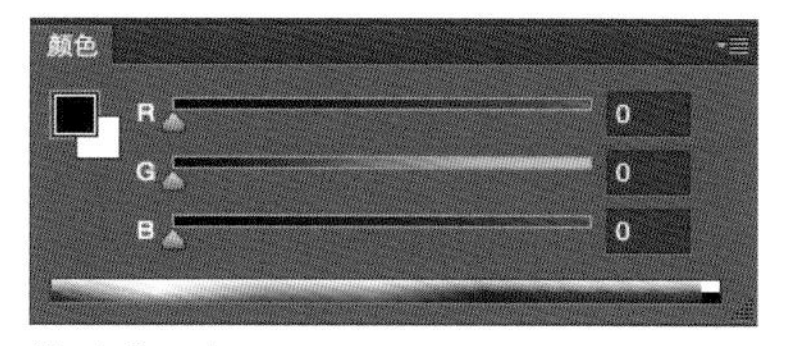

“颜色”面板
显示前景色和背景色的色彩值。使用颜色面板的滑块，可以在不同的色彩模式下编辑前景色和背景色。

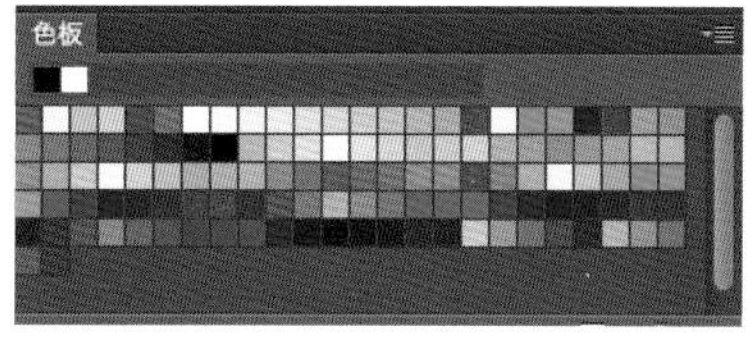

“色板”面板
色板是指命名过的颜色、浓度、渐变、图案。面板里放有经常使用的颜色。通过色板面板可以添加或删除颜色，或者显示与目前项目不同的色板库。

“调整”面板
可以在不破坏原图像的前提下对图像进行调整。曲线、色阶、色相/饱和度等各种各样的调整都可以从这个界面开始编辑，所有编辑都会自动应用到调整图层上。

“样式”面板
可以将原本针对图层上的对象应用投影、斜面等视觉效果的“图层样式”应用到文字、形状、图像的图层上。使用图层样式可以将视觉效果迅速套用到对象全体上。

画笔/画笔预设
预设画笔是一种预先保存好的画笔笔尖，带有定义好的大小、形状和硬度等特性。可以使用常用的特性来存储“画笔预设”，也可以通过选项栏的“工具预设”菜单中存储“工具预设”。对预设画笔的大小、形状或硬度的更改是临时性的。下次选择该预设时，画笔将使用原始设置。

“图层”面板
Photoshop的图层类似于互相重叠的透明胶片，可以从图层的透明部分看到下面的图层。可以像滑动透明胶片一样移动图层，将内容安放到期望的位置。另外，可以通过改变图层的不透明度让内容的局部变成透明。

通道/路径
“通道”是指保存了各类信息的灰度图像。颜色信息通道是在打开新图像时自动生成的，图像的色彩模式决定了生成的颜色通道数目。例如，针对RGB图像，每种颜色（红、绿、蓝）都分别有一个通道，并且还有一个同于编辑图像用的复合通道。

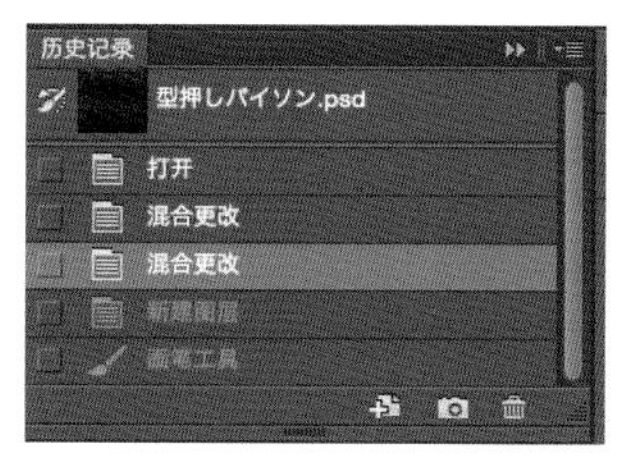

“历史记录”面板
可以取消或者重做操作。每次对图像像素进行更改，该图像的新状态都会添加到这个面板里。进行完处理的每一种状态都会作为单独的历史图像显示在面板里。选择面板里任意一个状态，图像即恢复为当时应用该更改时的外观，然后您可以从该状态开始重新编辑。

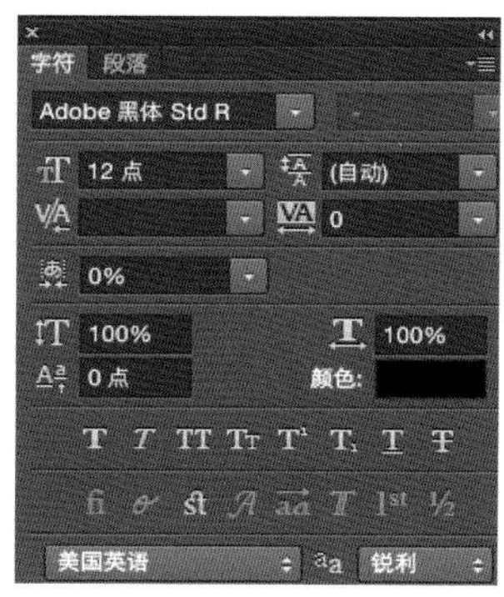

“字符”面板
可以进行字偶间距、字符间距、基线偏移以及字符缩放等操作。可以在输入文字前设定文字属性，也可以对已有文字的风格、格式进行重新设定。另外，“字符”面板里还有针对东亚文字的各种格式设定选项。面板上几乎所有的选项都可以输入数值，或从菜单中选择默认值。

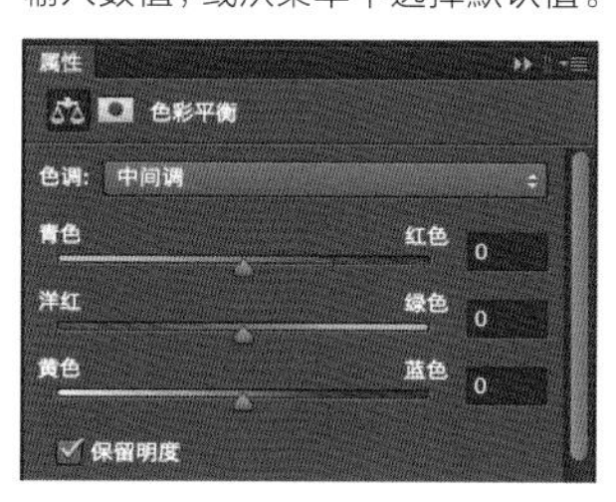

属性
图层上各种设定称为“属性”，会显示在这个面板上。如果只是选择图像图层，则什么都不会显示。但是当添加、选择3D图层或者调整图层、图层蒙版、矢量蒙版、形状图层等这些特殊图层时，即能显示出相应内容，并可以编辑。

Photoshop的画面和名称

❶工具盒和面板

用Photoshop打开一张新图片时会显示这样的画面。含有各种菜单的“菜单栏”在最上方，第二层里是显示各种工具功能选项的“选项栏”。右侧是各种面板，左侧是操作需要使用的各种工具“工具箱”。请先记住这些基本的名称和功能。

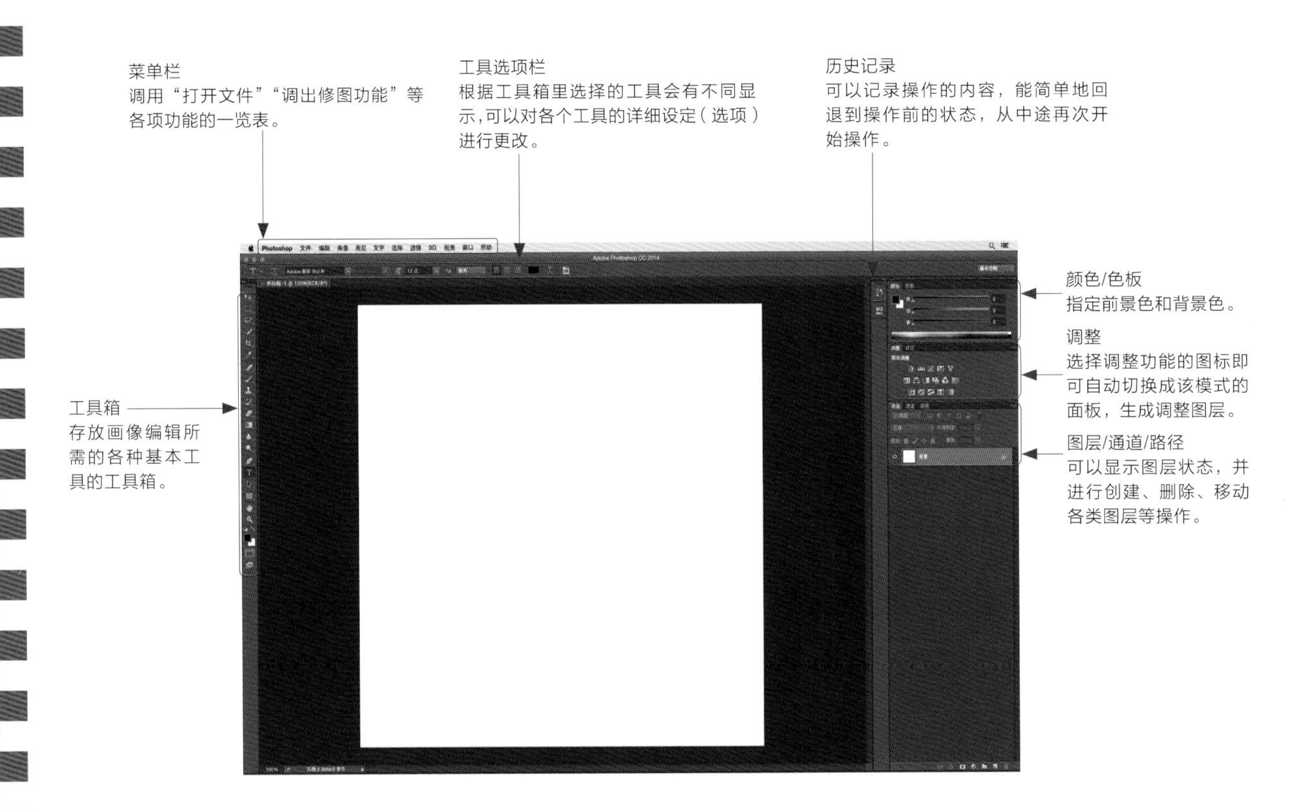

❷新建文件

从菜单栏的“文件”里点击“新建”就会显示“新建”对话框。在这里可以设置“名称”“大小（宽度、高度）”“分辨率”“颜色模式”“背景内容”等功能。

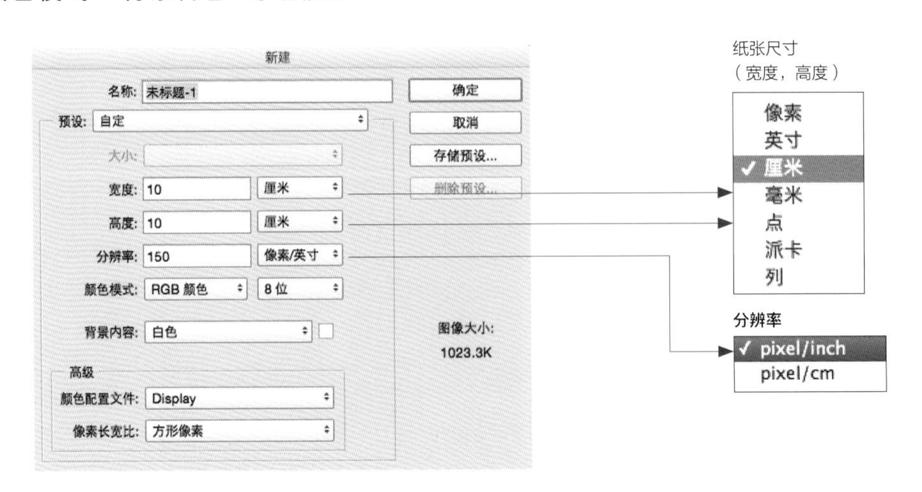

用滤镜制作素材

掌握面料的创意设计技巧、表现应用，
体现服装设计创新能力。
横纹、竖纹、格子、豹纹、蛇纹、印花、牛仔……
课程中涉及的23种常用面料，
可按图索骥练习而得，
或花费5元，扫码下载。

用滤镜制作凹凸素材和水洗牛仔布

滤镜可以为图像添加各种各样的效果。比如可以将图像做成绘画风格，或者加以变形、描绘逆光等等。另外，将几种滤镜组合使用得到更复杂的效果。

❶华夫饼风格，或者结子绒、方平组织等等有凹凸感的素材

选择颜色有多种方法。使用吸管工具、色彩面板、色板面板或拾色器，指定新的前景色和背景色。

❶菜单栏“文件”处选择“新建”新建一个文件。
◆双击“名称”，输入名字。
◆文件的大小/宽10厘米×高10厘米
◆分辨率/ 72 像素/英寸
◆颜色模式/ RGB颜色
◆背景内容/白色

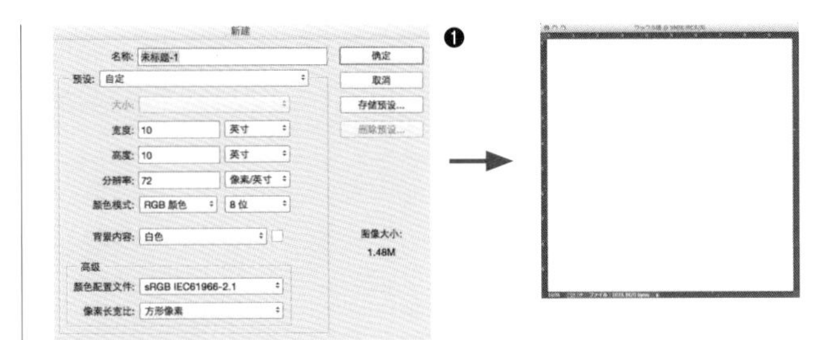

❶

❷菜单栏“滤镜”处选择“滤镜库”。

❷菜单栏“滤镜”处选择“滤镜库”

❸选择“滤镜库”的“纹理”“龟裂缝”，在选项处设定数值，同时注意画面预览。
◆裂缝间距/ 30
◆裂缝深度/ 5
◆裂缝亮度/ 6
点击“确定”按钮完成。

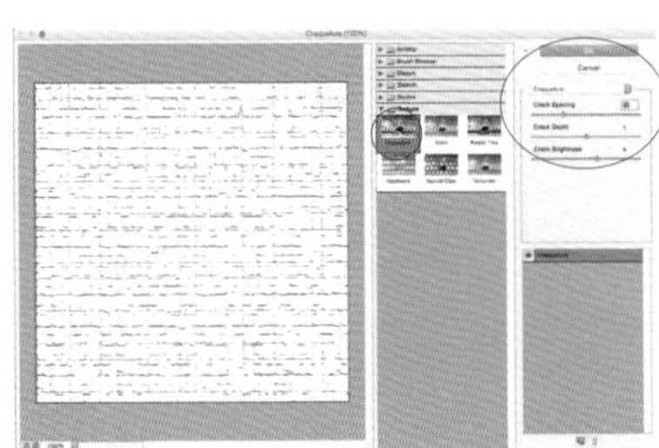

❸“龟裂缝”

❹选择“滤镜库”的“纹理”“马赛克拼贴”，在选项处设定数值，同时注意画面预览。
◆拼贴大小/ 23
◆缝隙宽度/ 3
◆加亮缝隙/ 6
点击“确定”按钮完成。

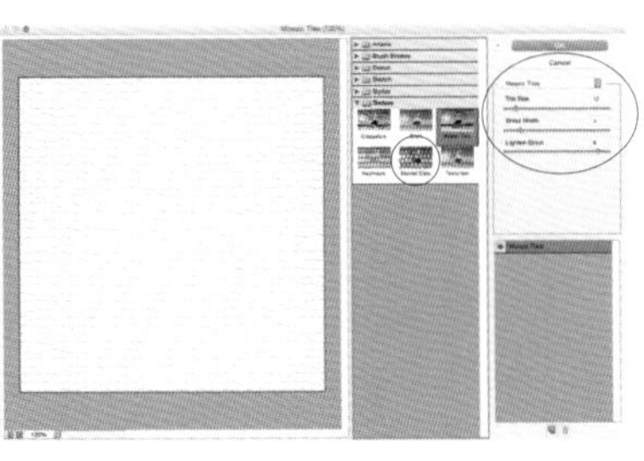

❹“马赛克拼贴”

※ 配合自己所需的形象，可以尝试选择滤镜库“纹理”里其他功能，如“纹理化”“拼缀图”等。

❷ 牛仔布风格素材

❶选择工具箱“前景色”的颜色。（颜色的选择请参照第145页）

❷选择工具箱“油漆桶工具”在画面上点击，填充前景色。

❸菜单栏“滤镜”处选择“杂色”→“添加杂色”。
- ◆数量/ 26
- ◆分布/均匀分布
- ◆勾选“单色”

❹“滤镜库”的“艺术效果”处，选择“粗糙蜡笔”选项，在选项处设定数值，同时注意画面预览。
- ◆描边长度/ 40
- ◆描边细节/ 20
- ◆纹理/画布
- ◆缩放/ 200%
- ◆凸现/ 50
- ◆光照/下

点击“确定”按钮完成。

※画面效果会随不同数值发生很大变化，请根据自己需要，尝试改变数值。

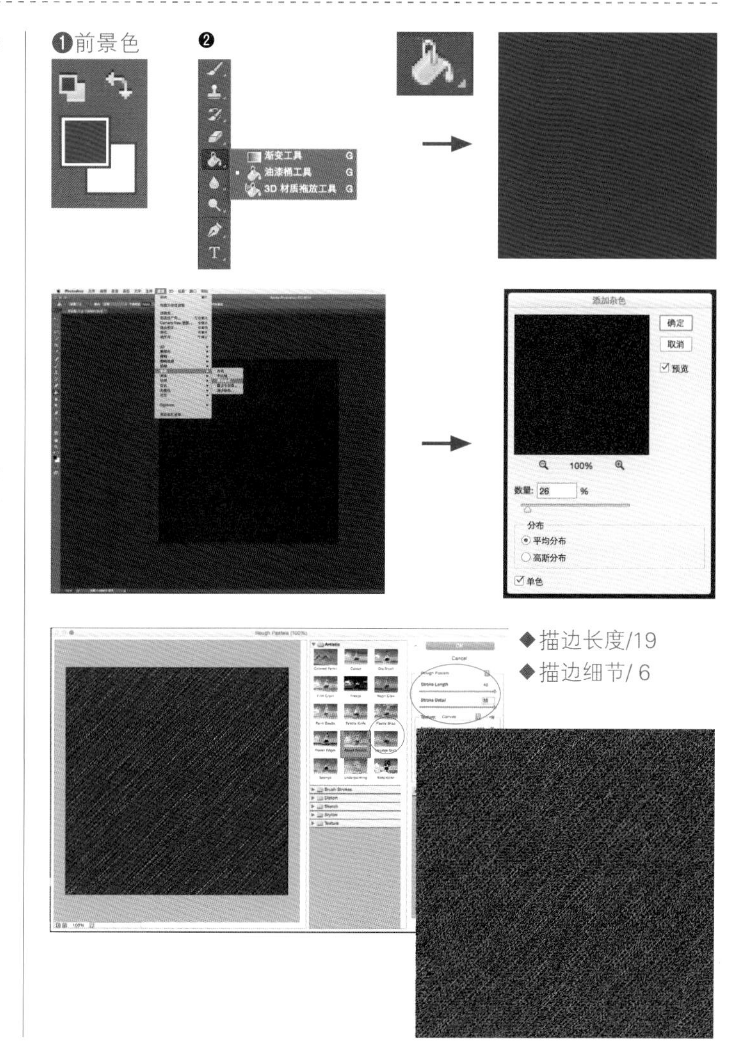

❸ 水洗感的牛仔布

❶选择工具箱“前景色”的颜色。

❷菜单栏“滤镜”处选择“渲染”→“云彩”。
- ◆在“背景色”上加入颜色后，就可以通过前景色和背景色的混合色表现云彩。

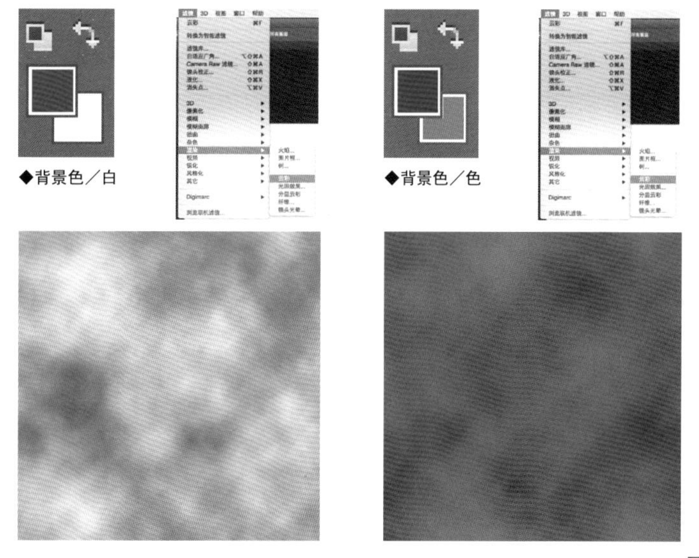

用滤镜制作横纹、竖纹、格子纹

❶用半调图案制作横纹

❶从菜单栏“文件”处选择“新建”，新建一个文件。

❷在“工具箱”里选择前景色。

◆ “颜色”R（红）/ 255

❸从菜单栏打开“滤镜库”，选择“素描”→“半调图案”。

❹在“半调图案”的选项里设定数值。

◆大小/ 9
◆对比度/ 50
◆图案类型/直线

点击“确定”键，完成条纹。

❶
◆输入文件名
◆大小 / 宽度 10 厘米 × 高度 10 厘米
◆分辨率 / 150 像素 / 英寸
◆颜色模式 / RGB 颜色
◆背景内容 / 白

❷

❸

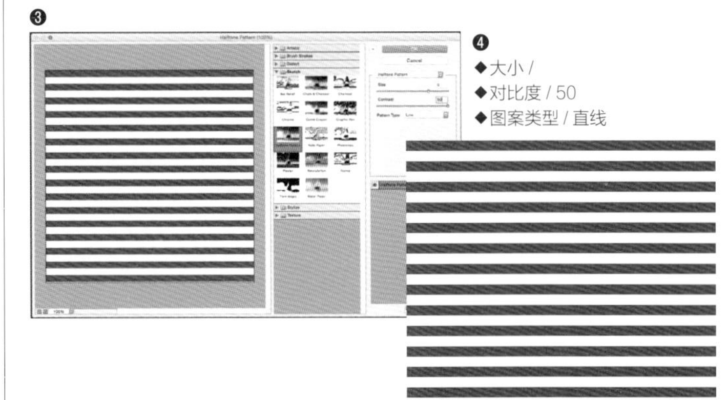

❹
◆大小 /
◆对比度 / 50
◆图案类型 / 直线

❷双色横纹

❶从工具箱选择“前景色 / 背景色”的颜色。

❷从菜单栏打开“滤镜库”，选择“素描”→“半调图案”。

❸在“半调图案”的选项里设定数值。

◆大小/ 9
◆对比度/ 0
◆图案类型/直线

❹将选项里“大小”的数值设为“1”就可生成细条横纹。

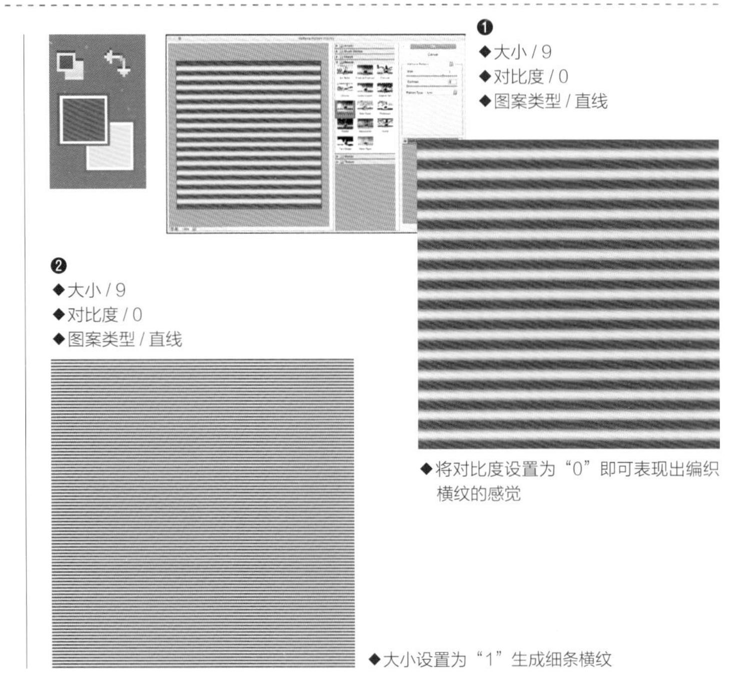

❶
◆大小 / 9
◆对比度 / 0
◆图案类型 / 直线

◆将对比度设置为“0”即可表现出编织横纹的感觉

❷
◆大小 / 9
◆对比度 / 0
◆图案类型 / 直线

◆大小设置为“1”生成细条横纹

❸ 利用半调图案制作方格纹

❶将“半调图案”的“图案类型”设定为“网点”。

◆大小/ 12

◆对比度/ 50

◆图案类型/网点

点击“确定”按钮，方格纹就做好了。

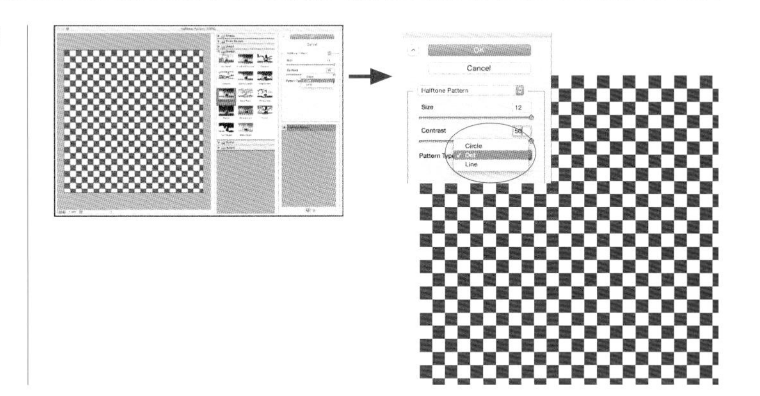

❹ 利用半调图案、图层、绘图模式制作方格布纹

❶用半调图案制作横纹。

❷把“图层”面板里“背景”图层拖拽到右下方的“创建新图层”。

❸选中“背景 拷贝”，从菜单栏的“编辑”处选择“变换”“旋转90度”，将图层旋转。

❹在“图层”面板的里将“不透明度”设为60%。根据网格布的印象设定“不透明度”的数值。

❺用滤镜“滤镜库”的“纹理”“马赛克拼贴”，做成有凸凹感的泡泡纱型的纹理。

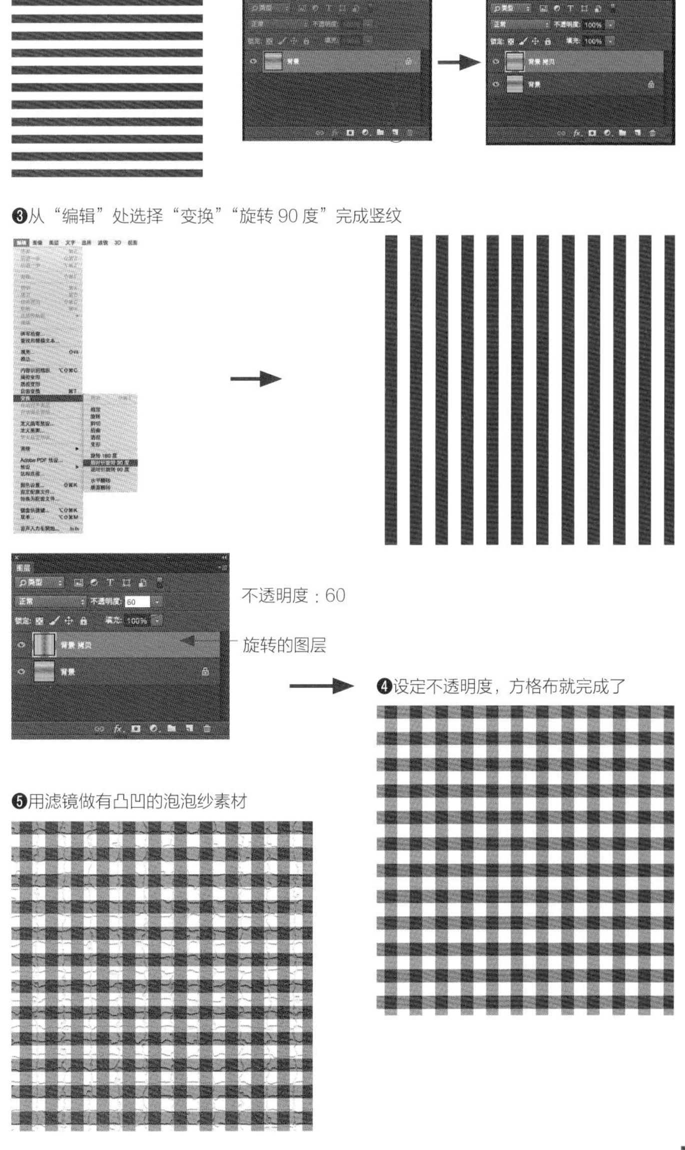

用“滤镜”和“渐变”制作成型的蛇纹

❶蛇纹

❶从菜单栏“文件”处选择“新建”，新建一个文件。

❷选择前景色，从菜单栏的“编辑”处选择“填充”。

❸点击“图层”面板中“创建新图层”按钮，创建“图层1”。

❹选择工具箱“渐变工具”。

❺点击工具选项栏的▼标识，在显示“渐变预置”里选择“黄、紫、橙、蓝渐变”。

❻渐变类型中选择“线性渐变”工具。

❼从上向下拖拽。

❽从菜单栏选择“滤镜库”里的“染色玻璃”。

◆单元格大小/ 12
◆边框粗细/ 6
◆光照强度/ 0

※大小会随不同数值发生很大变化，请根据自己需要，尝试改变数值。

❾用工具箱里“魔棒”工具选择边框部分。（边框有不同粗细，如果无法选中所有边框，从菜单栏“选择→选取近似”就可以选中全部边框。）

❿按下delete键，删除选区。

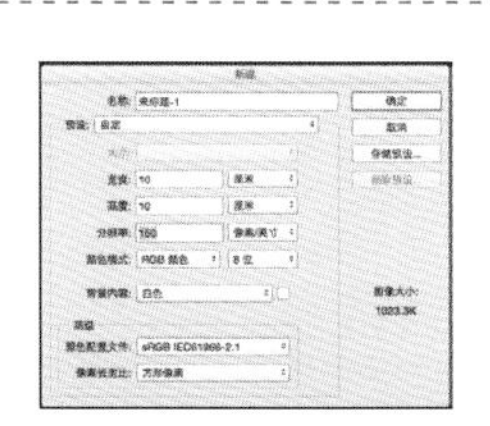

❶
◆输入文件名
◆大小 / 宽度 10 厘米 × 高度 10 厘米
◆分辨率 / 150 像素 / 英寸
◆颜色模式 / RGB 颜色
◆背景内容 / 白

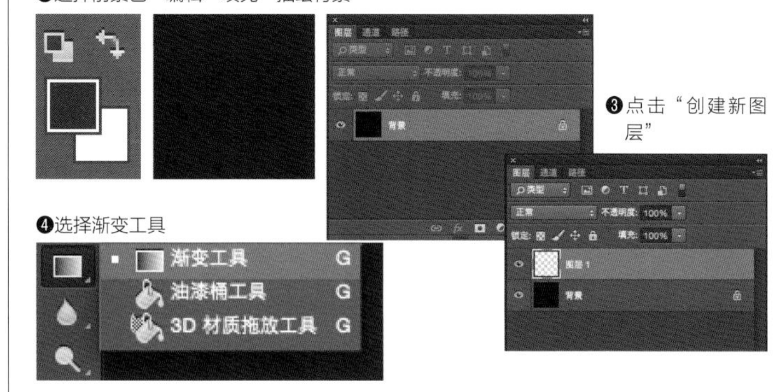

❷选择前景色“编辑→填充”描绘背景

❸点击“创建新图层”

❹选择渐变工具

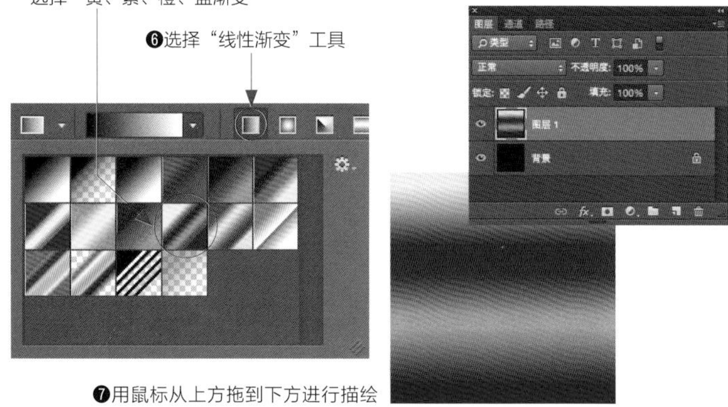

❺点击▼标志会显示颜色面板选择“黄、紫、橙、蓝渐变”

❻选择“线性渐变”工具

❼用鼠标从上方拖到下方进行描绘

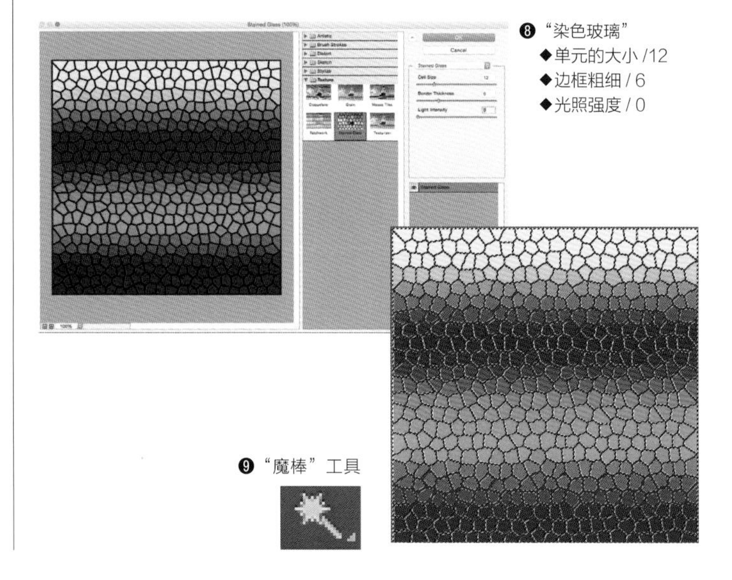

❽“染色玻璃”
◆单元的大小 /12
◆边框粗细 / 6
◆光照强度 / 0

❾“魔棒”工具

⑪从菜单选择“图层→图层样式→斜面和浮雕”。

⑫在图层面板“混合模式”里设定成“叠加”。

⑬在图层面板里点击“创建新图层”图标，创建“图层2”，从菜单“编辑”中选择“填充”进行填充。

⑭“滤镜”处选择“杂色”→“添加杂色”，勾选“单色”选项。
◆数量 / 90%

⑮选择滤镜“像素化”→“晶格化”。
◆单元格大小/42

⑯选择滤镜“模糊→高斯模糊”。
◆半径 / 6像素

⑰将图层的“不透明度”设为50%，将“混合模式”设置成“正片叠底”。

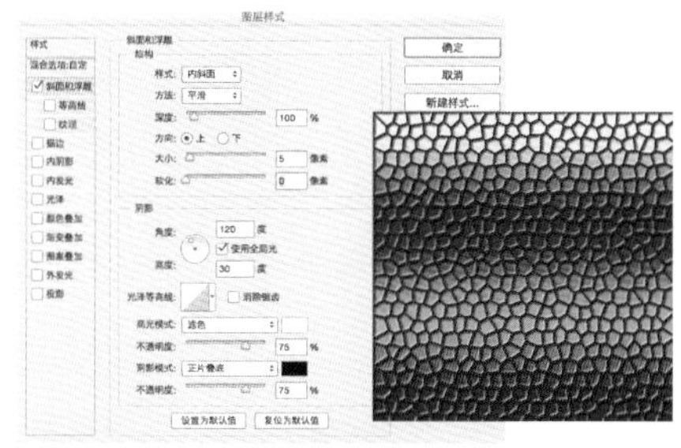
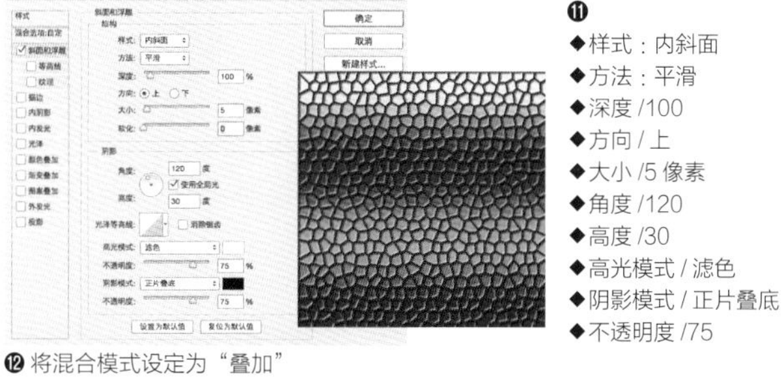

⑪
◆样式：内斜面
◆方法：平滑
◆深度 /100
◆方向 / 上
◆大小 /5 像素
◆角度 /120
◆高度 /30
◆高光模式 / 滤色
◆阴影模式 / 正片叠底
◆不透明度 /75

⑫将混合模式设定为“叠加”

⑬点击“创建新图层”

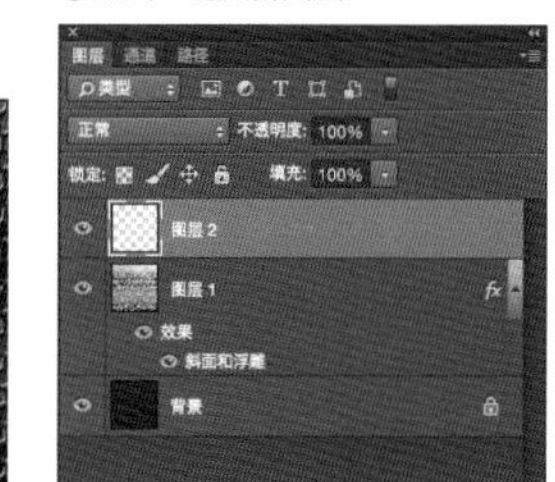

⑭勾选“单色”选项

⑮晶格化

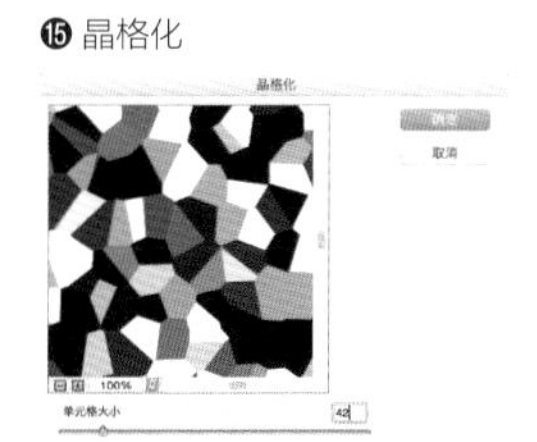

⑯高斯模糊

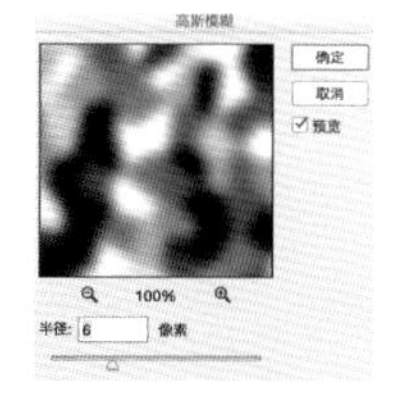

H将混合模式设定成“正片叠底”完成

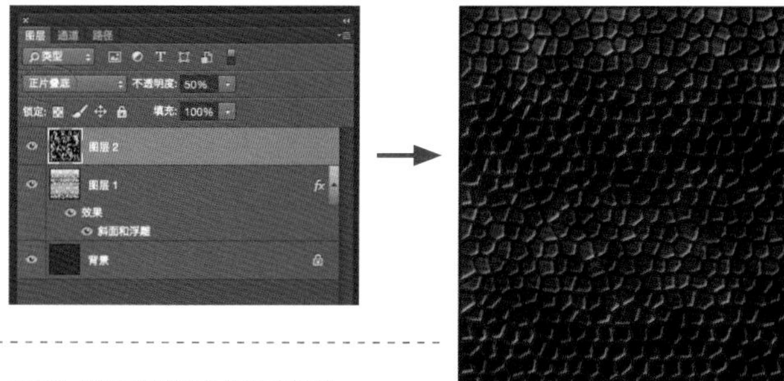

❷改变颜色

❶用“图层→拼合图像”将图层合并。

❷选择菜单栏中的“图像→调整→色相/饱和度”。

❸一边确认预览图像，一遍调整“色相/饱和度”的滑块，以接近目的效果。

※“色相”调整色彩，“饱和度”调整鲜艳程度，“明度”调整明暗程度。

❶拖动“色相/饱和度”滑块来调整

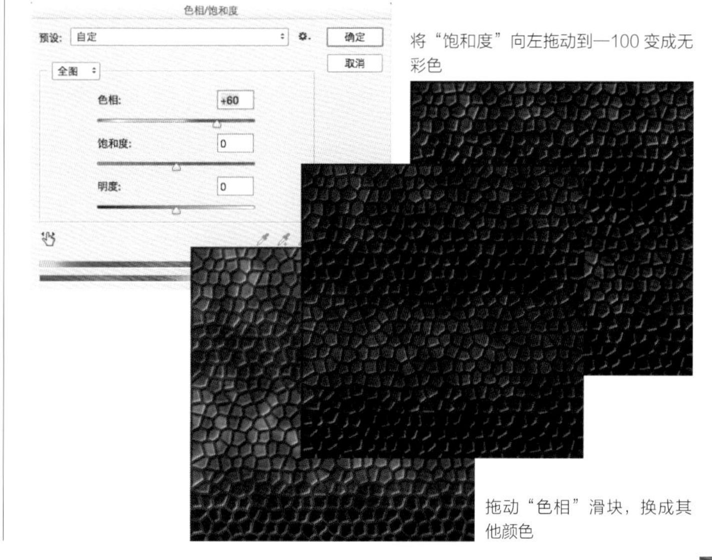

将“饱和度”向左拖动到—100 变成无彩色

拖动“色相”滑块，换成其他颜色

用“滤镜”和“自定义形状”制作胶浆印花

❶胶浆印花

❶从菜单栏“文件”处选择“新建”，创建一个新文件。

❷选择前景色。

❸从菜单栏选择“滤镜→渲染→云彩”。

❹用“横排文字工具”输入文字。
◆字体/Cooper Std：Black(超粗黑)

❺菜单栏用“编辑→变换→缩放”放大图像的尺寸。

❻点击“样式”面板的右上角按钮，从新建样式里选择“按钮”。

❼点击对话框的“确定”或者“追加”。

❽被替换的新建样式“按钮”中点击“清晰浮雕”的图标。

❾点击样式的图标就应用到了“图层样式”上。

❶
◆输入文件名
◆大小/宽度 10 厘米 × 高度 10 厘米
◆分辨率/150 像素/英寸
◆颜色模式/RGB 颜色
◆背景内容/白

❷选择“前景色”

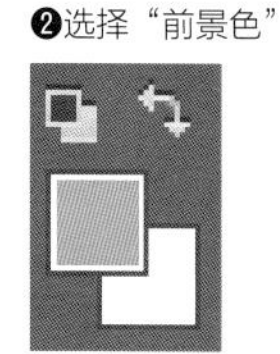

❸云彩

◆在文字工具的选项栏里选择“字体”

T Cooper Std Black 24 pt

❹用横排文字工具输入文字

❺用“缩放”放大文字

❻ 点击“样式”面板的右上角

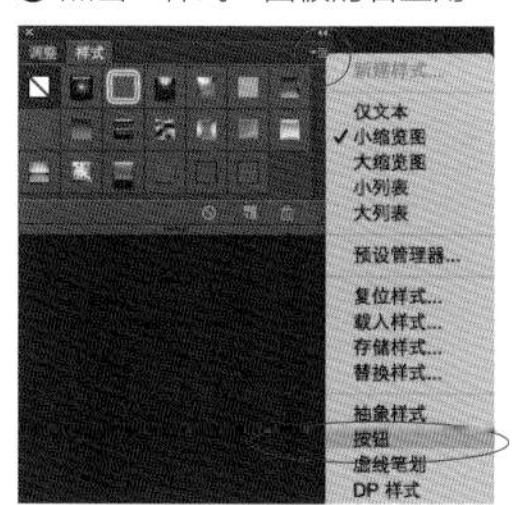

选择“按钮”

❼点击“确定”

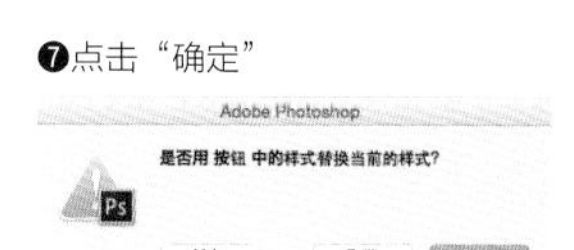

❽点击“清晰浮雕”的图标

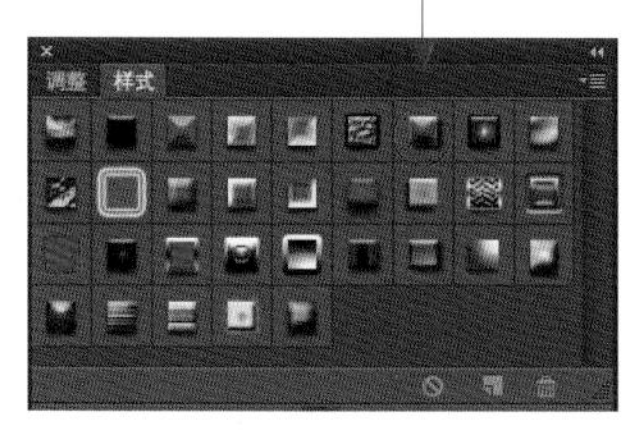

双击图标即可显示样式名称

注：因为一点击即刻套用，因此如果要回退，请使用“历史记录”面板，或者预先复制一个文字图层进行尝试。

❾□示□用的□□□式

※图层样式套用了“清晰浮雕”

❷ 自定形状

❶从工具箱选择“自定形状工具”。

❷点击选项栏“形状”的图标或者▼，即会显示出各种各样的自定义形状。

❸点击对话框右上角的按钮，选择“动物”的形状。

❹从被替换成“动物”的形状中选择鸽子的图标。

❺从左上角到右下角拖动，会自动创建“形状1”图层。

❻点击面板“样式→清晰浮雕”图标即完成。

❼用“移动工具”一边移动一边进行微调。

※“样式”面板右下方的按钮，从左至右。
◆清除样式
◆创建新样式
◆删除样式

◆其他还有各种各样的样式，可以尝试点击面板上任意一个样式的图标，会发现点击之后画面相应变化。

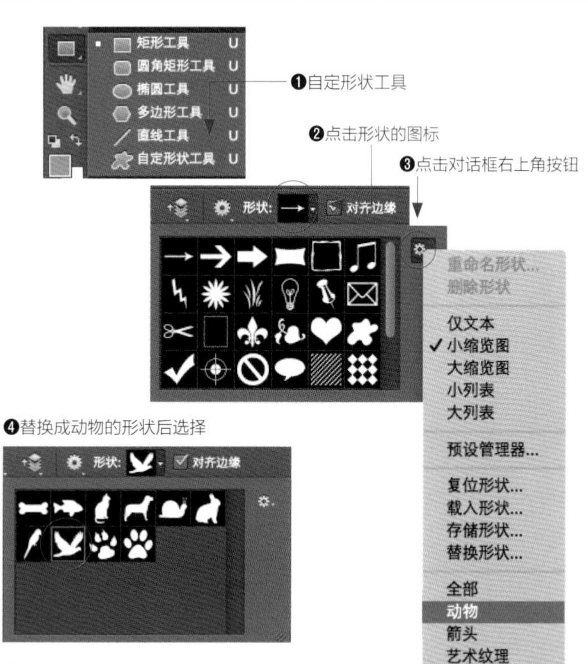

❺用拖拽自动建成形状

❻点击“清晰浮雕”的图标，完成橡胶的粘滑感

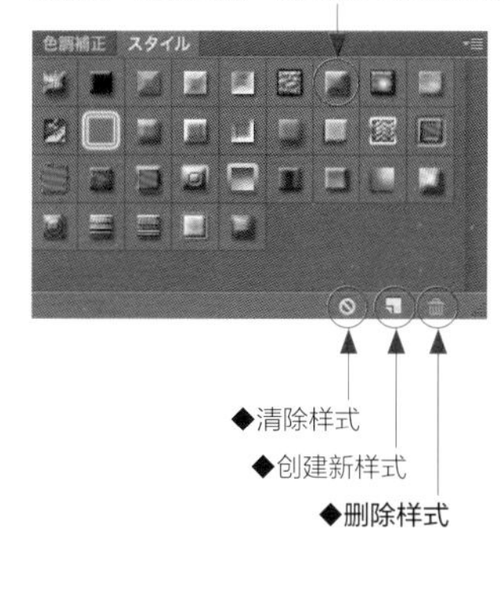

◆各种各样的样式

红色星形

斜面(鼠标指向)

双环发光

用“滤镜”和“渐变映射”制作豹纹

❶豹纹

❶从菜单栏“文件”处选择“新建”，创建一个新文件。

❷将前景色设定为默认颜色。

❸从菜单栏“滤镜”“滤镜库”选择“纹理→染色玻璃”。

◆单元格大小/ 40

◆边框粗细/ 20

◆光照强度/ 0

❹从“滤镜”处选择“像素化→晶格化”。

◆单元格大小/16

❺将“图层”面板的“背景”图层拖拽到右下方的“创建新图层”，将“背景 拷贝”图层的不透明度设定为50%。

❻从“滤镜”里选择“其他→最小值”。

◆半径/ 9像素

❼再次从“滤镜”处选择“像素化→晶格化”。

◆单元格大小/ 16

❽按下“图层”面板右上角的按钮，选择“合并可见图层”，将两个图层合并。

❾从“滤镜”处选择“模糊→高斯模糊”。

◆半径/ 4像素

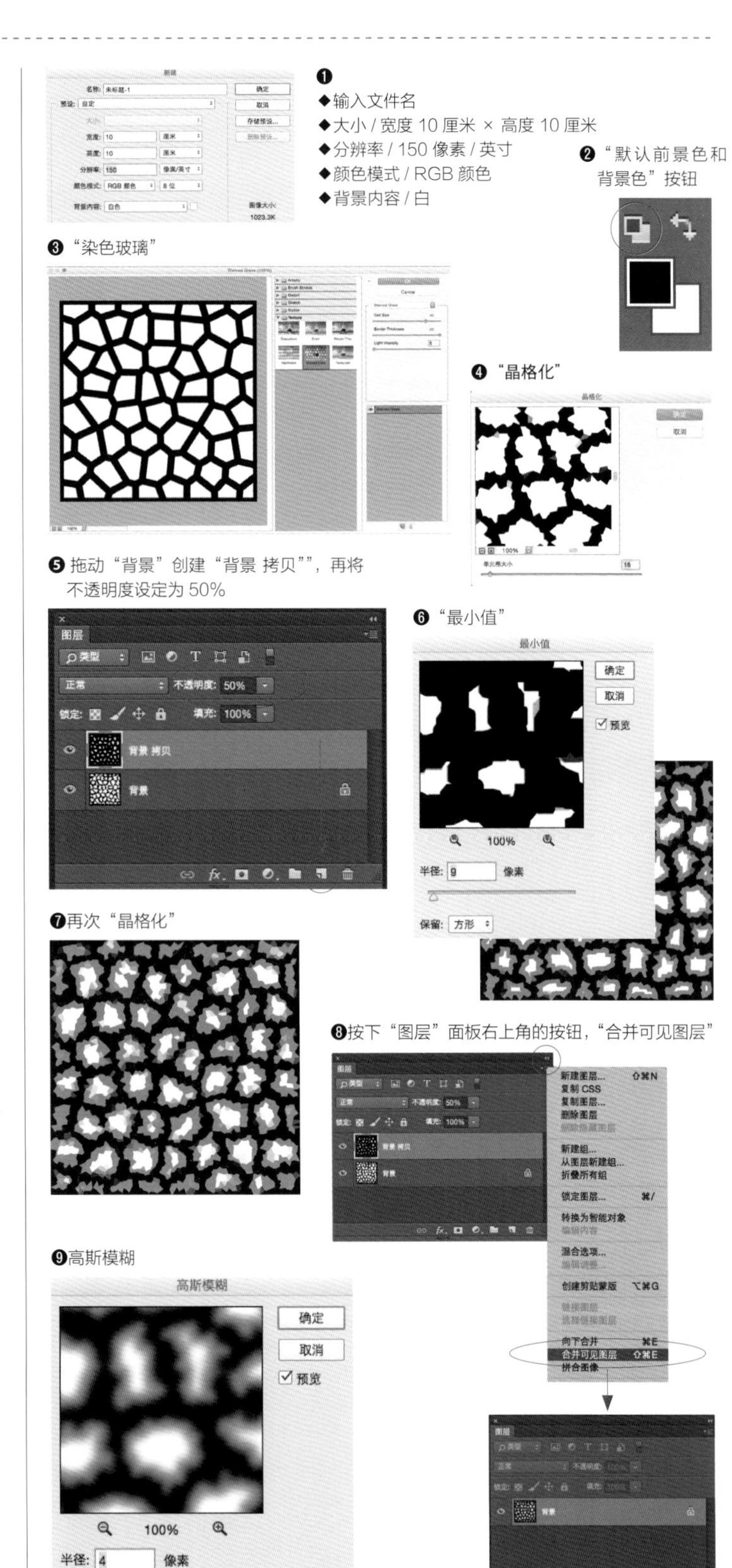

⑩选择菜单栏的“图像→调整→渐变映射”，点击“渐变映射”的部分，调出“渐变编辑器”

⑪按“起点、分支点、终点”的顺序，依次点击色标调出颜色，单击显示部分，调出拾色器。

⑫从左开始依次双击起点、分支点、终点，用“拾色器”设定颜色。
◆起点色标/ R / 192、G / 160、B / 6
◆分支点色标/ R / 48、G/ 15、B / 2
◆终点色标/ R / 209、G/160、B/2

⑬点击“新建渐变”，可以将新设定的颜色保存在预设里。

⑭从菜单栏“图层”里选择“新建→图层”，打开“新建图层”对话框进行设定。
◆模式/叠加
◆不透明度 / 100
◆勾选“填充叠加中性色（50%灰）”

⑮这样虽然新建了一个用灰色填充的图层，但由于是“叠加模式”，因此看起来没变化。

⑯从“滤镜”处选择“杂色→添加杂色”。
◆数量/ 120
◆勾选“单色”

⑰从工具箱的“矩形选框工具”选择任意一部分。

⑱从“滤镜”处选择“扭曲→旋转扭曲”。
◆角度 / 190°

⑲一边看着图像一边移动“矩形选框工具”重复“扭曲→旋转扭曲”操作。

※ 可以在同样地方反复操作，或者在局部减少数量等等，随机地操作更能产生自然的皮毛感。

⑩ 点击渐变部分，显示出“渐变编辑器”　⑬ 点击“新建渐变”，保存到预设里

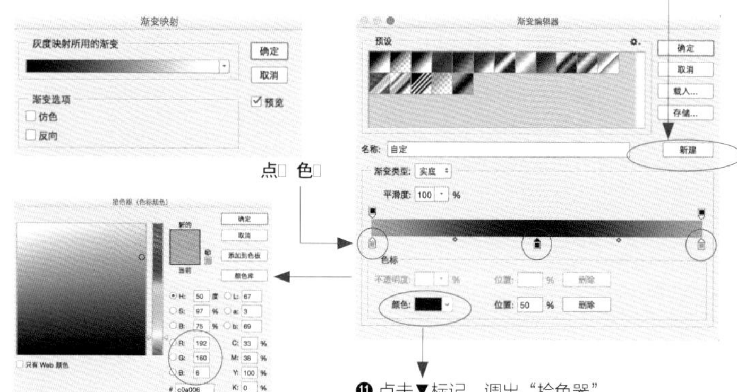

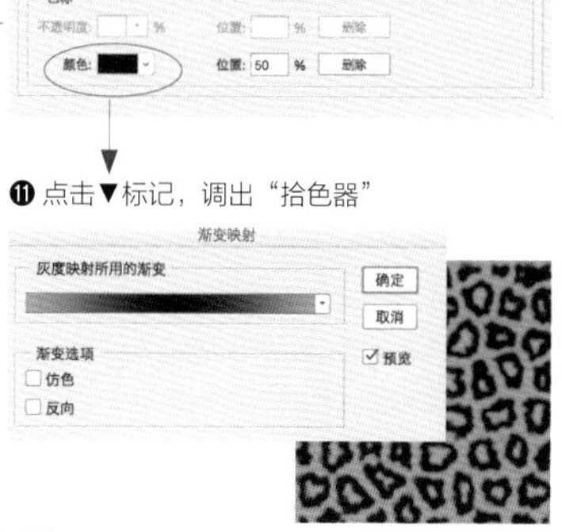

⑫ RGB
◆起点色标 / R / 192、G / 160、B / 6
◆分支点色标 / R / 48、G/ 15、B / 2
◆终点色标 / R / 209、G/160、B/2

⑪ 点击▼标记，调出“拾色器”

点击“确定”填充

⑭ 模式选择“叠加”，并勾选“填充叠加中性色（50% 灰）”

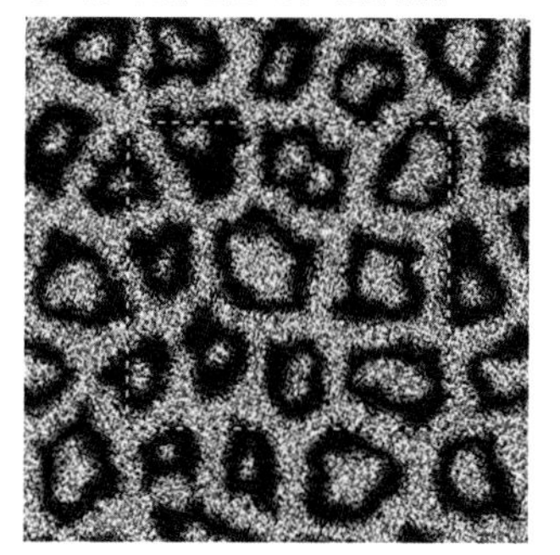

⑮ 设定为“叠加模式”的图层

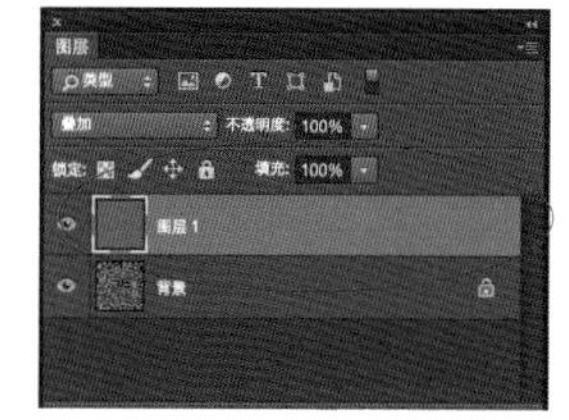

⑯ 勾选“单色”

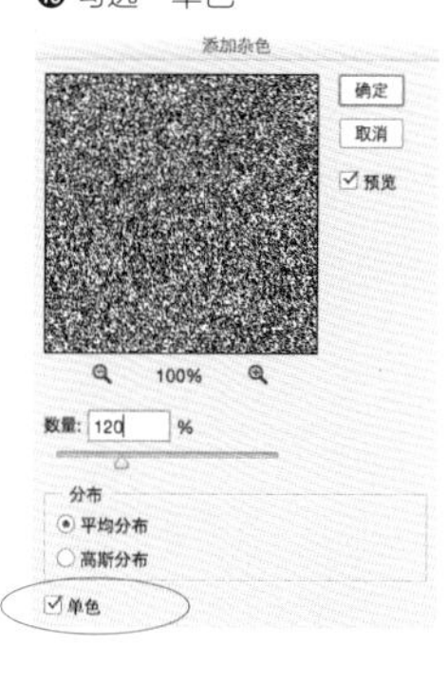

⑰“用“矩形选框工具”选择局部

⑱“扭曲→旋转扭曲”

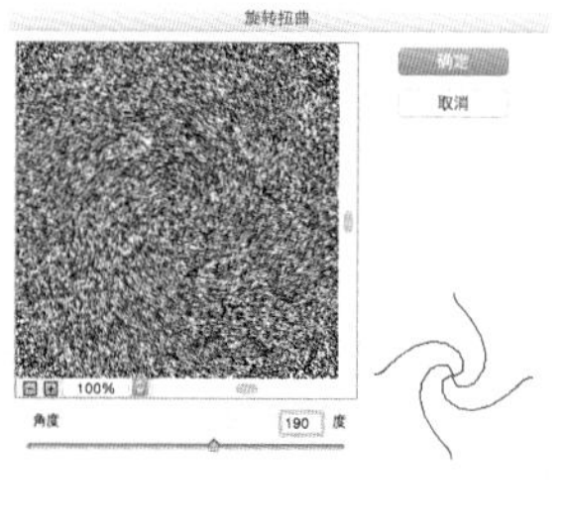

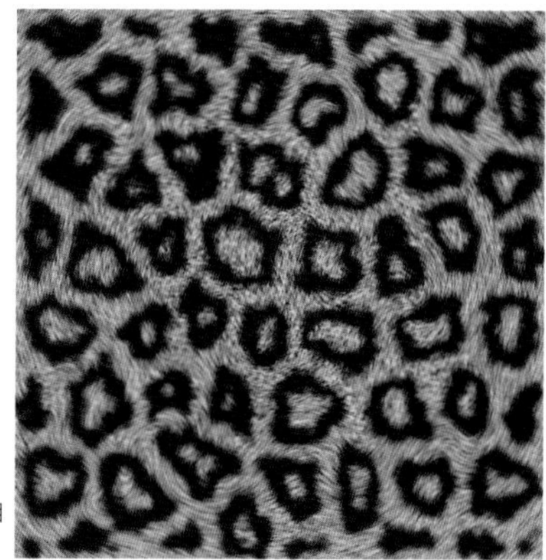

任意使用旋转扭曲，体现自然的皮毛感

❷渐变映射

※渐变映射是指，将图像明暗替换成设定的渐变颜色的功能。

❶选择“前景色”，从菜单栏选择“图像→调整→渐变映射”。

❷在“渐变映射”中选择“确定”。

❸点击“渐变映射”的渐变部分，调出“渐变编辑器”。

❹点击“预设”的“黑,白渐变”，则会用黑白色调渲染。

❺点击“预设”的“色谱”，则会用“色谱”色调渲染。

❻“渐变编辑器”对话框里备有各种各样的预设，点击“预设”右上角的按钮，还可以读取其他预设。

❼点击新读取预设“杂色样本”中“绿色”。

❽用渐变编辑器“颜色模式”的滑块可以改变“R/G/B”的颜色设定。

❾点击“新建”按钮，可以将改动过的“新建色调”保存到预设里。

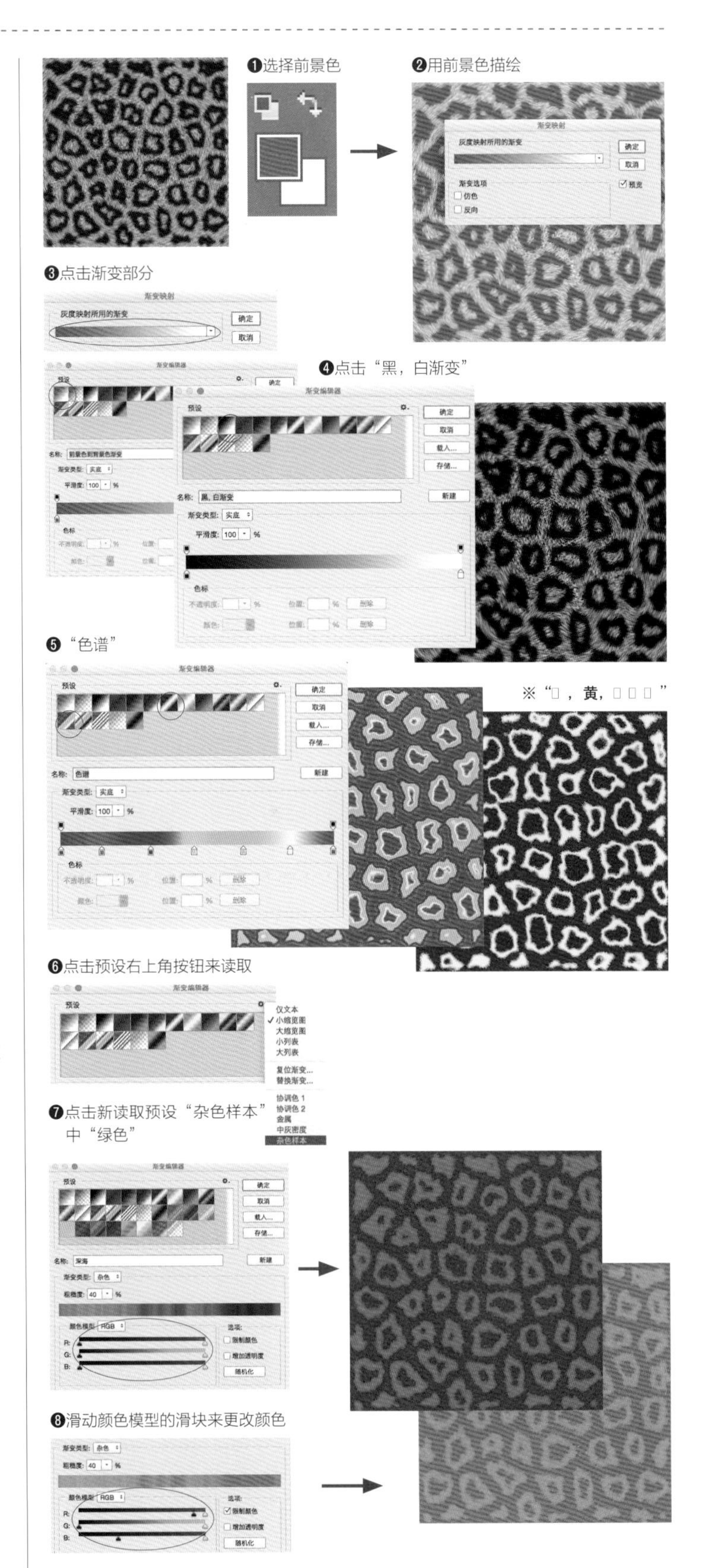

将素材拼贴到设计稿

从绘画“小白”到绘图高手，
学习没有捷径，但有方法，
课程中的“美丽模特”，扫码免费下载。
快乐学习时尚画，事半功倍。

用“缩放”和“复制图章”拼贴素材

❶拼贴素材

❶菜单栏“文件”“打开”，选择“豹纹模特1”和第159页完成的“豹纹”同。

❷选择工具箱的“移动工具”。

❸选中“豹纹”文件,用“移动”工具在“豹纹”文件点击后按住，直接拖拽到想移动到的文件上去。

❹为了配合设计并便于拼贴，将“素材图层”的不透明度调低（这里调成50%）。

❺从菜单栏选择“编辑→变换→缩放”后会显示出矩形选框，拖拽选框部分将其缩小。

❻将素材图层的不透明度调回100%。

❼工具盒选择“仿制图章工具”。

❽在开始复制图像的地方（复制源），按住Alt键（Windows）/ Option键（Macintosh）的同时用鼠标点击一下。

❾想要复制的地方，点击复制。

※勾选“对齐”后，中断填充后再开始操作，可以接着原来的部分继续复制。

❿从工具箱里选择“橡皮擦”工具。为了增加毛发感，笔刷预设里选择“喷溅”“粉笔”类的笔尖形状。

⓫从外侧向内侧擦，可以更容易地做出皮毛的蓬松感。

❶打开　❷移动过的对象会生成一个新建图层　❸移动工具

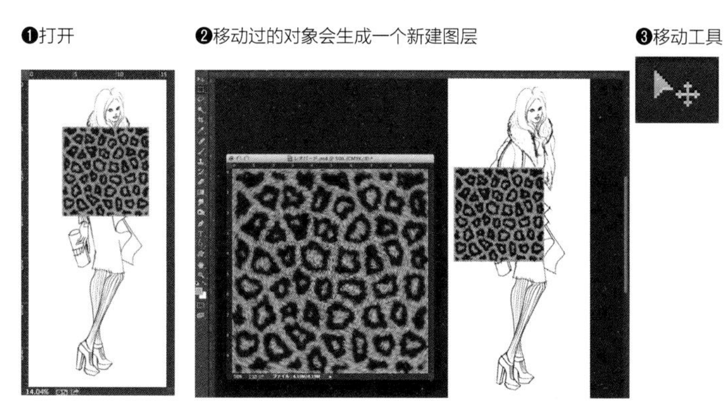

❹变透明

点击链条图标可以保持长宽比

⃠是取消变换，√ 是提交变换

❺拖拽矩形选框工具

❻不透明度回到100%

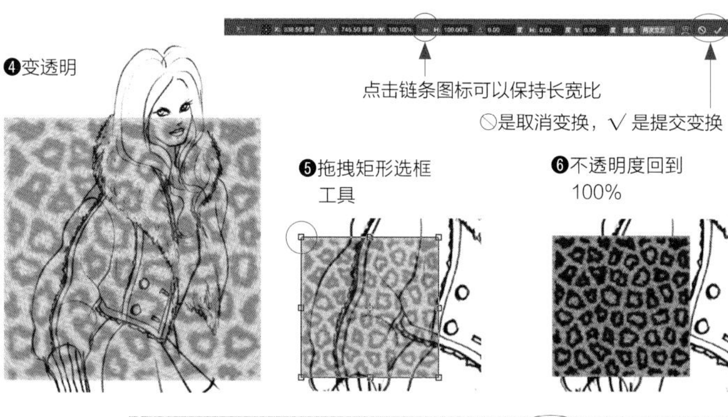

如果要将图像的相同部分复制到多个地方，请取消勾选“对齐”选项，这样每点击一次就会从最先的复制点开始填充图像

❼“仿制图章工具”具有将指定处的图像复制并填充到别处的功能

❽单击复制源　❾在想复制的地方点击进行复制

❿橡皮擦工具

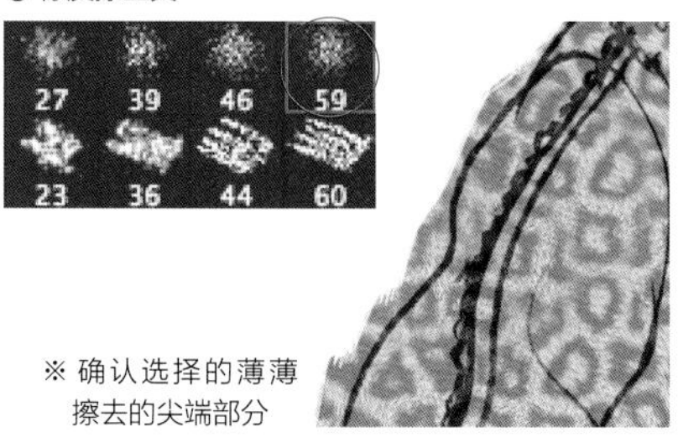

※ 确认选择的薄薄擦去的尖端部分

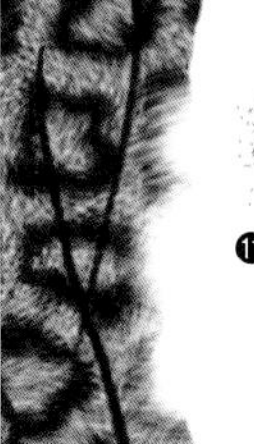

⓫要出来毛皮的触感，刷子就要用得随意

将覆盖领子的部分放大

⑫前后身部分也同样用“移动工具”拖拽后的豹纹经过“缩放”设定。

⑬菜单栏“文件”“打开”，打开“豹纹模特2”文件，将裙子等图层拖拽移动。

⑭根据裙子和配件的配色，用“渐变映射”改变颜色。

⑮选择工具盒“吸管工具”。

⑯点击想提取颜色的地方。

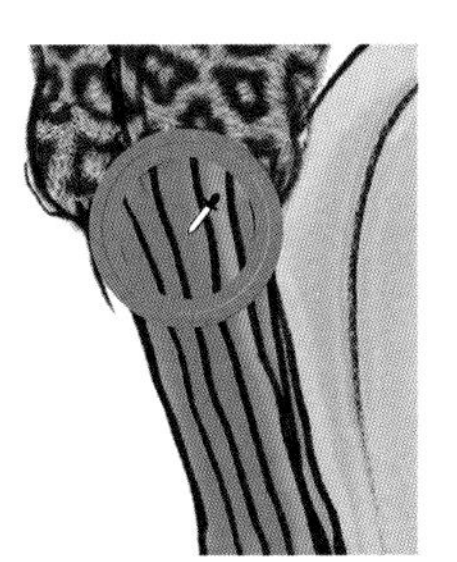

※吸管工具会提取点击位置的颜色信息。提取的颜色即成为新的前景色。

⑰选择菜单栏的“图像→调整→渐变映射”。

⑱单击“确定”按钮，豹纹被替换成“前景色”的渐变后完成。

◆单击更改颜色

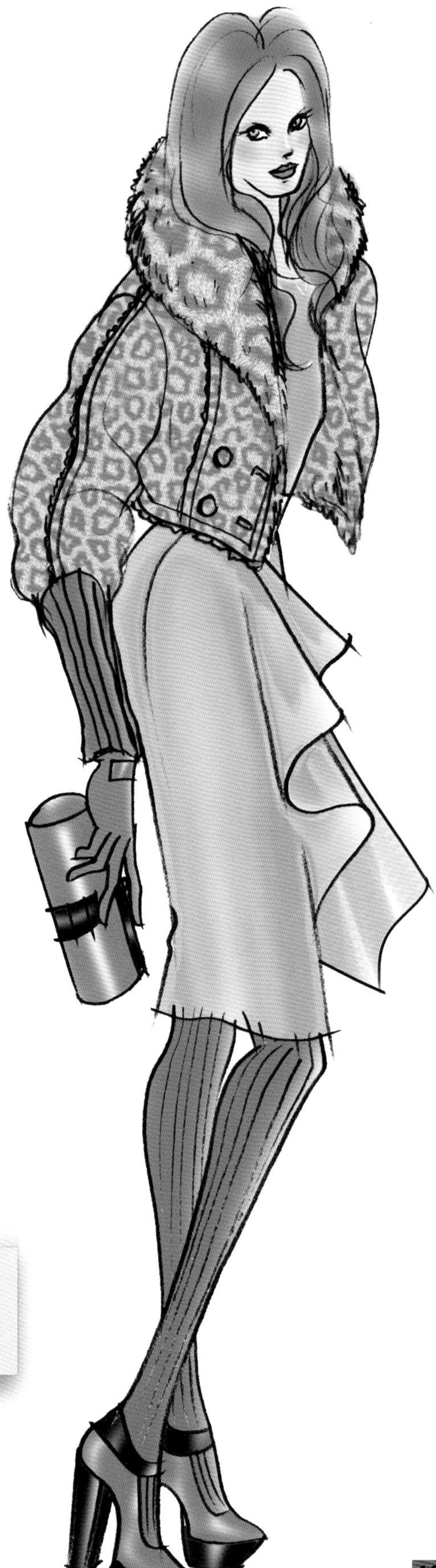

用“魔棒工具”选择“色相/饱和度”改变颜色

❶选择“魔棒工具”，用“云彩”填充

❶从菜单栏“文件”处选择“打开”，打开“云彩模特1”。

❷选择工具盒箱“魔棒工具”。

※与点击处颜色附近的区域会被自动选中。在选项栏里可以指定容差、区域是否连续。

❸选中“背景”图层，点击裙子部分选中。

❹点击“选项栏”的图标，连续地选中裙子的全部。

※一边按Shift键一边点击，可以将新的选区添加到现有选区上。

❶打开

❷魔棒工具

❸激活“背景图层”，单击想选择的部分

❹“魔棒工具”选项

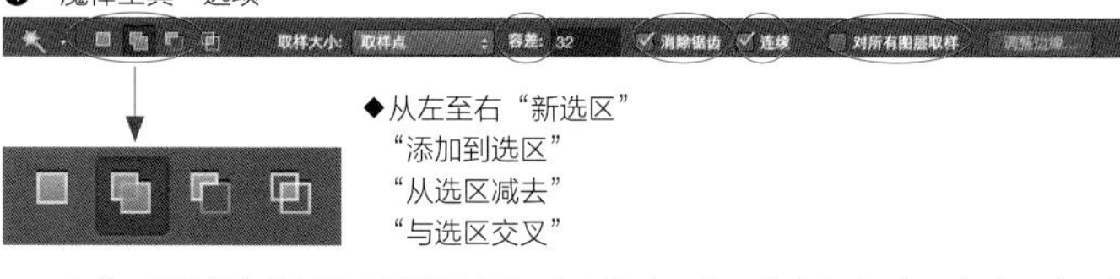

◆从左至右“新选区”“添加到选区”“从选区减去”“与选区交叉”

◆容差：所选颜色的近似容差的设定值。如果调小，选区就会变小；如果调大，选区就会变大。
◆消除锯齿：如果想使选区的边界变光滑时可以勾选。
◆连续：勾选时，只会选中点击处相邻部分开始的同色系部分；如果勾选，则整个图像中的同色系都会被选中。
◆对所有图层取样：这个开关是否勾选决定是从所有图层处选择近似色，还是只从被选定的工作图层选择。

❷给云彩整体上色

❶选择前景色。

❷点击图层面板的“创建新图层”按钮，制作“图层1”。

❸菜单栏“滤镜”处选择“渲染→云彩”。

❹整体用前景色的云彩填充裙子部分。

❺改变图层的名字。

※在想要加上名字的图层上双击，输入名字。
※拖拽图层，可以简单改变图层的顺序。

❶“前景色”

❷“创建新图层”

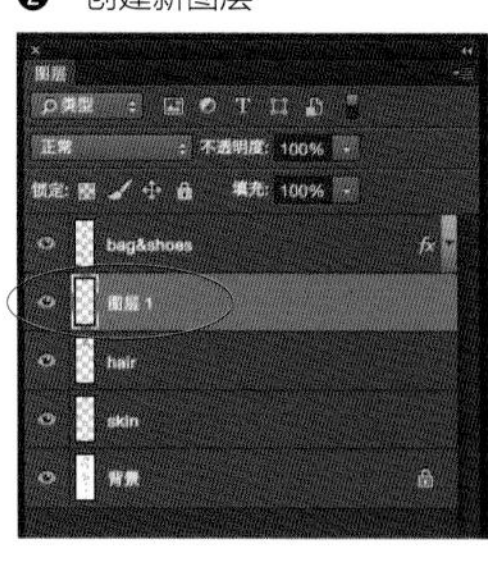

❸选择“云彩”

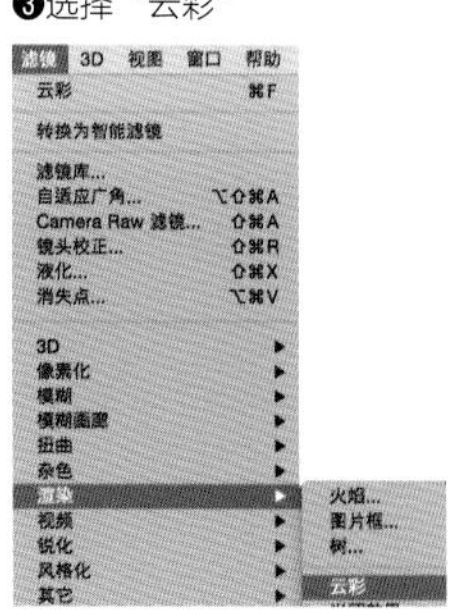

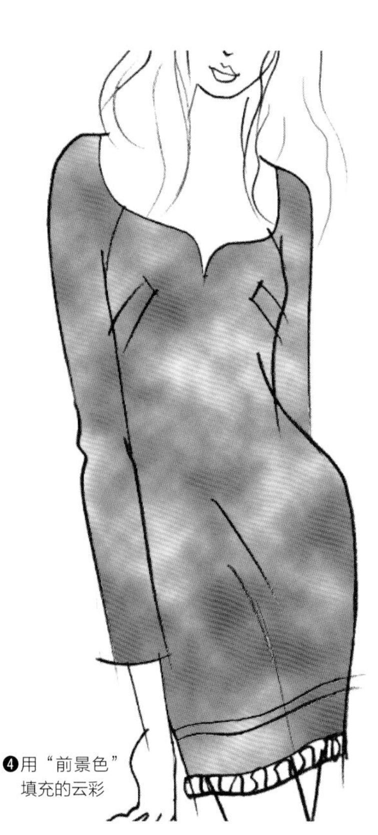

❹用“前景色”填充的云彩

❸用“色相 / 饱和度”改变颜色

❶将图层面板的“粉红”拖拽到“创建新图层”按钮处，生成“粉红 拷贝”。
❷点击图层“粉红”的“指示图层可见性”的图标，将其变成不可见，然后再激活“粉红拷贝”。

❶将图层的“粉红”拖拽到“创建新图层”按钮处

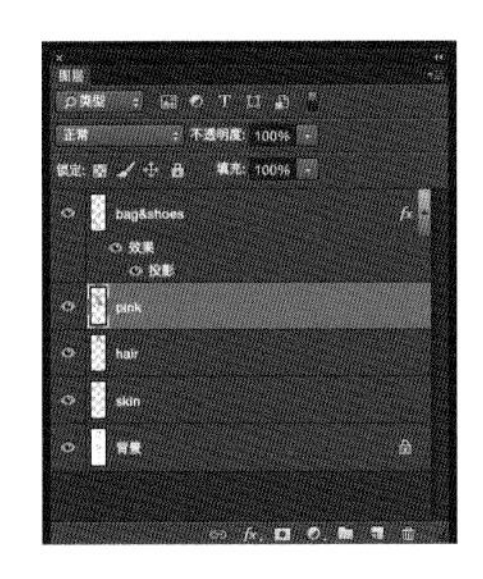

❷“粉红”变成不可见并激活“粉红 拷贝”

❸从菜单栏“图像”选择“调整→色相/饱和度”，移动“色相”的滑块改变颜色。

❹从菜单栏“文件”处选择“打开”，打开“云彩模特2”文件。

◆色相：颜色的属性之一，比如红、蓝这样色彩的差别
◆饱和度：图像或影像等的鲜艳的程度
◆亮度：颜色的属性之一，即该色彩的明暗程度（亮度 100% 为白，亮度 0% 则为黑）

❺选择“包”“饰品”并拖放到“云彩模特1”上完成。

用“图形的定义”和“变换”进行拼贴

❶使用保存的图形填充，进行拼贴

❶从菜单栏“文件”处选择“打开”，选择“格纹模特2”和“格纹”文件打开。

❷用工具栏的“矩形选框工具”选择，注意格纹的宽度。

❸“文件”的“编辑→定义图案”里定义成新图案。

❹“图层”面板里点击“创建新图层”新建一个图层。

❺在“新建图层”里用“矩形选框工具”拖拽确定出一个选区。

❻选择菜单“编辑→填充”，然后从操作窗口里选择“图案”。

❼从“自定图案”里选择刚才保存的“格纹”。

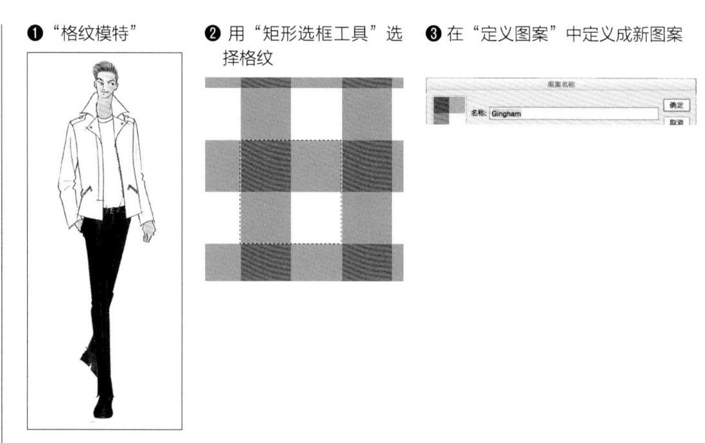

❶“格纹模特”

❷用“矩形选框工具”选择格纹

❸在“定义图案”中定义成新图案

❹点击“创建新图层”生成“图层2”

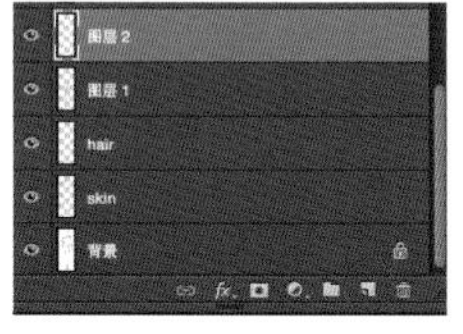

❺创建一个大选区

❻选择“填充→图案”

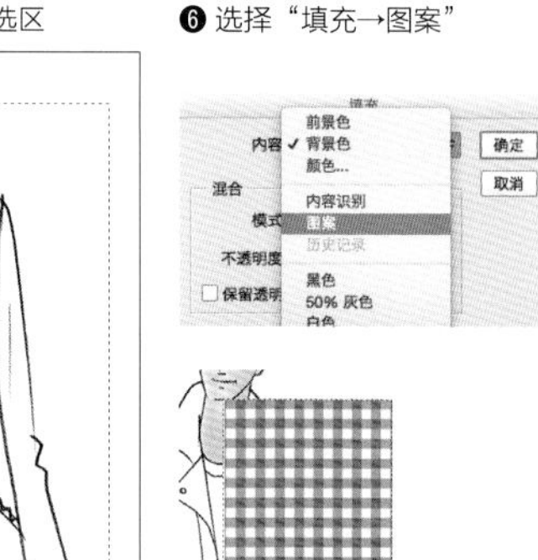

❼选择从“自定图案”里选择新定义的“格纹”

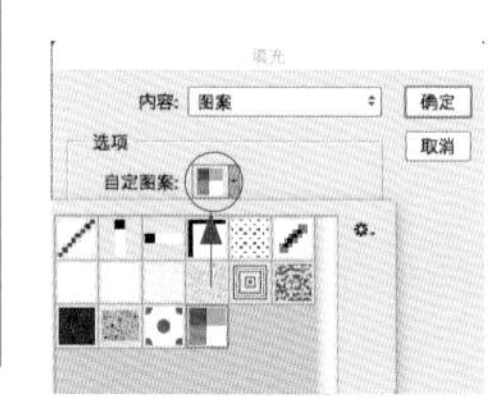

❽用图案填充

❷“变换→旋转→变形”

❶菜单栏选择“编辑→变换→旋转”，按照箭头将选区旋转。

❷然后选择“变换→变形”，会出现与手柄位置稍有不同的网格。

❸操作方向线的端点，按照衣服调整变换部分的弯曲程度。

❹从工具箱里选择“魔棒工具”，在“背景”图层点击要选择的部分。

❺选中“格纹”图层，从菜单栏选择“选择→反向”。

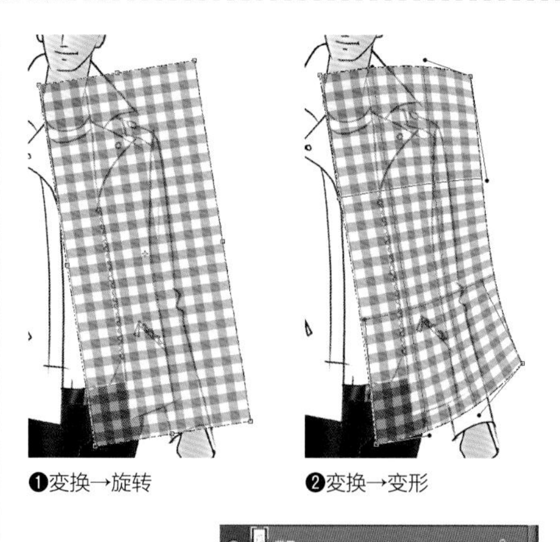

❶变换→旋转

❷变换→变形

❸点击√确定

❹选中“背景”

❺用“魔棒工具”选择夹克的部分后进行反向选区

❸用“反向”删除

❶ 点击键盘的“删除”键，将选区以外的部分删除。

❷ 其他部分也依次按图案填充、变换、反转、删除的步骤完成。

❸返回“背景”，用“魔棒”工具选择袖子或领口部分，用笔刷完成。

❸将“笔刷”的“硬度”选项调整到30%左右，这样可以让效果显得更柔和

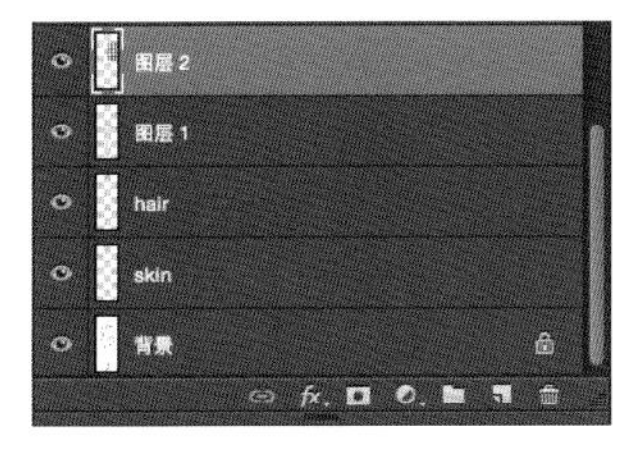

❹将“图层1”拖拽至“创建新图层”，生成图层拷贝。

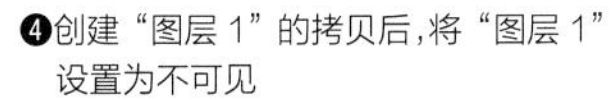

❹创建“图层 1”的拷贝后，将“图层 1”设置为不可见

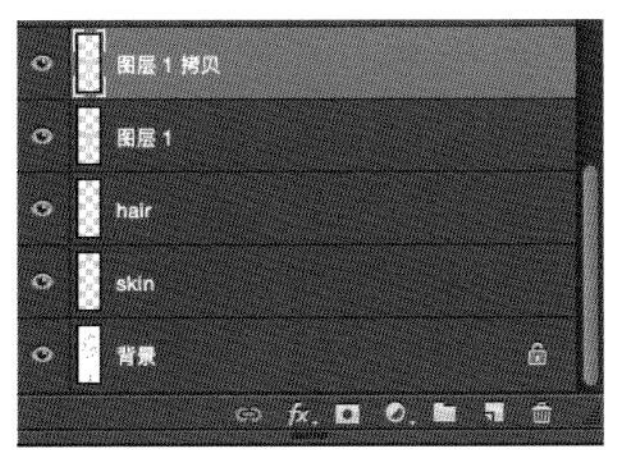

❺用菜单栏的“图像→调整→色相/饱和度”改变裤子的颜色。

※如果想改为黑或白等无彩色的颜色时，请勾选“着色”选项框。

用“色阶”调整扫描图像

❶用“色阶”突出线条，修整设计

❶从菜单栏“文件”处选择“打开”，打开“色阶模特底稿”。

❷点击“调整→色阶”的图标，显示出“色阶”面板。

❸一边确认预览画面，一边将“高光”滑块向左、“阴影”滑块向右移动。

❹点击图层面板右上角的图标，点击“拼合图像”或“向下合并”，将“色阶1”与“背景”合并。

※需要局部修改时，只须将别处画好的修改部分贴上去即可简单完成。在此对裙子的线条进行修改。

❺将“背景”拖拽至“创建新图层”按钮处，制作“背景 拷贝”。

❻调低“背景 拷贝”图层“填充”的百分比，用“套索工具”将裙子部分圈出来。

❼用“移动工具”移动圈起来的裙子部分。

❽用“橡皮擦工具”将“背景”图层中想修改的裙子部分擦去。

❾将“背景 拷贝”的“填充”还原成100%，并将图层混合模式设置成“正片叠底”后合并。

❿ 创建“背景 拷贝”，将图层混合模式设置为“正片叠底”。将“背景”设置为不可见。

⓫ 在“背景 拷贝”下面创建一个新图层，点击重命名。

⓬ 选中“背景 拷贝”，用“魔棒工具”点击皮肤部分进行选区。

⓭ 选中皮肤图层。

❶“色阶模特底稿”

❷单击图标

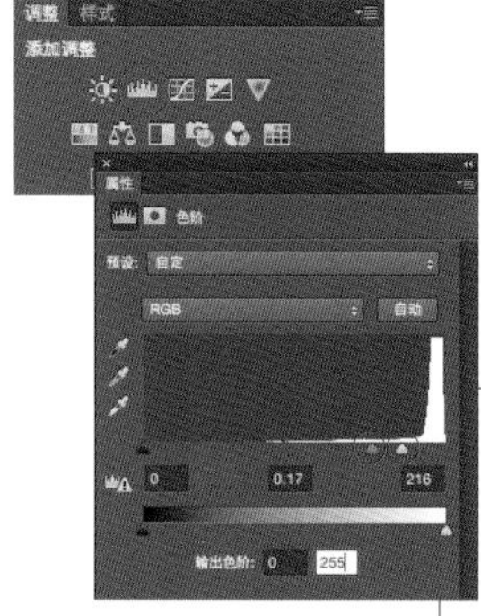

❸将高光的滑块向左、阴影的滑块向右移动，使画面变量，线条突出

❹将色阶与背景合并

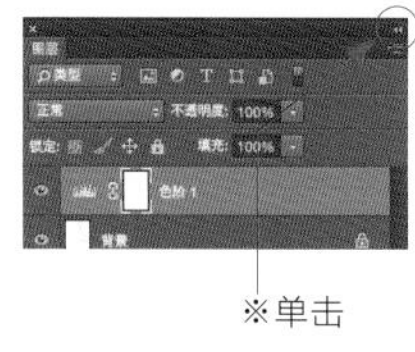

※单击

❺拖拽背景复制

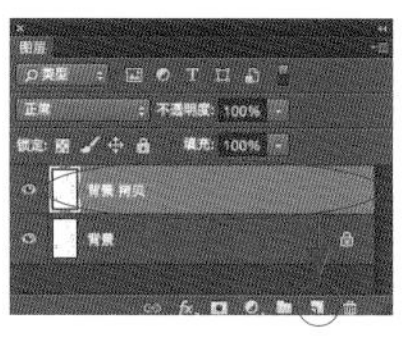

❻降低填充的百分比，用“套索工具”圈起来

❼用“移动工具”移动圈起来的裙子部分

❽用橡皮擦工具擦去背景的裙子

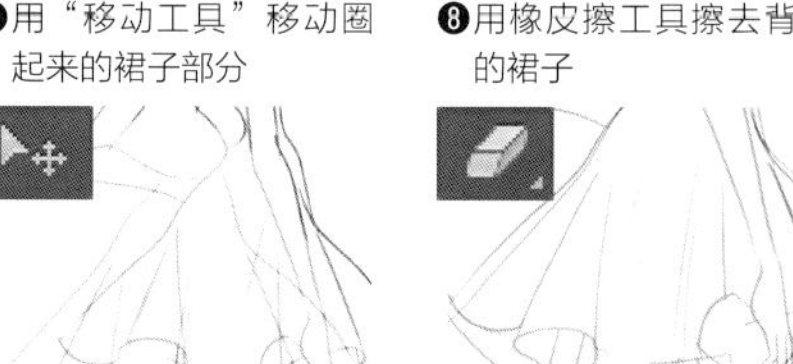

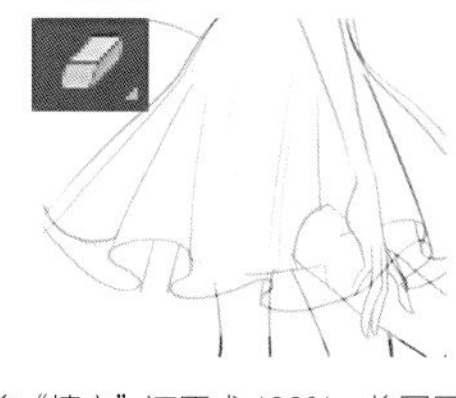

❾将“填充”还原成100%，将图层混合模式设置成“正片叠底”后合并

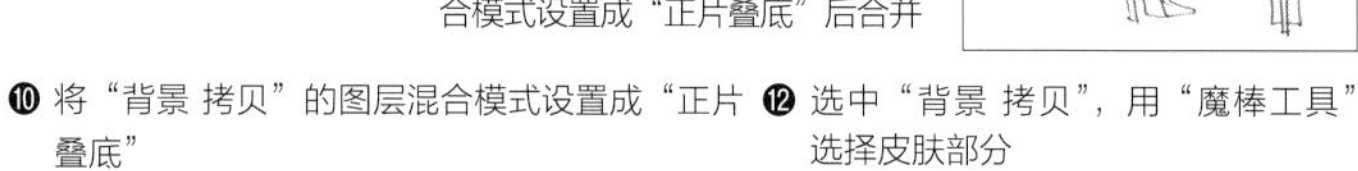

❿ 将“背景 拷贝”的图层混合模式设置成“正片叠底”

⓬ 选中“背景 拷贝”，用“魔棒工具”选择皮肤部分

⓫ 在“背景 拷贝”下面创建一个新图层

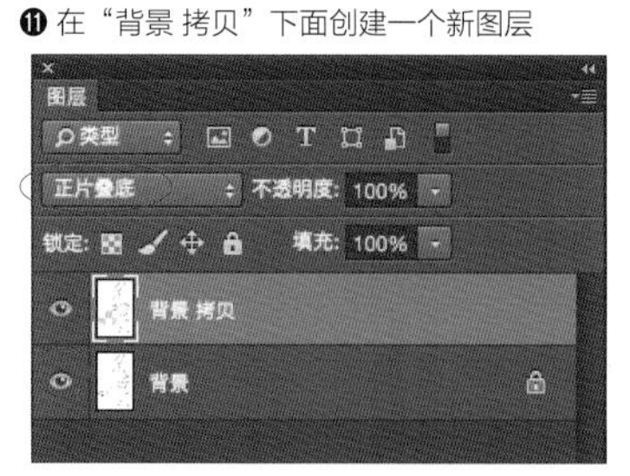

⓭ 选择皮肤图层

❷在“背景 拷贝”里选择，在“图层”里填充

❶从“画笔工具”的选项里点击笔尖图标，选择“柔边圆”。

❷将“前景色”和“背景色”指定为肤色的浓淡，一边替换一边将“流量”调整到30%左右进行填充。

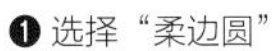

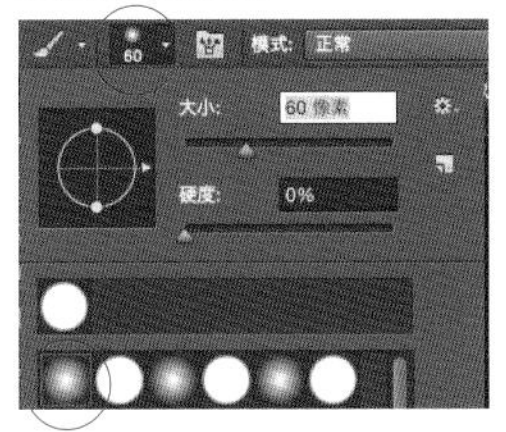

❸ 选择“喷枪”

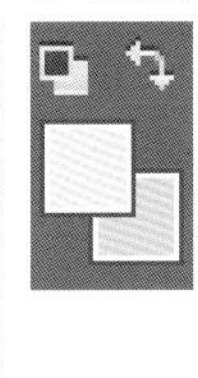

❸在“背景 拷贝”的下面创建一个新图层，将头发、裙子、包的颜色分成各个图层进行填充。

❹给包填充颜色后，在菜单栏选择“滤镜→风格化→浮雕效果”，调整角度和高度。

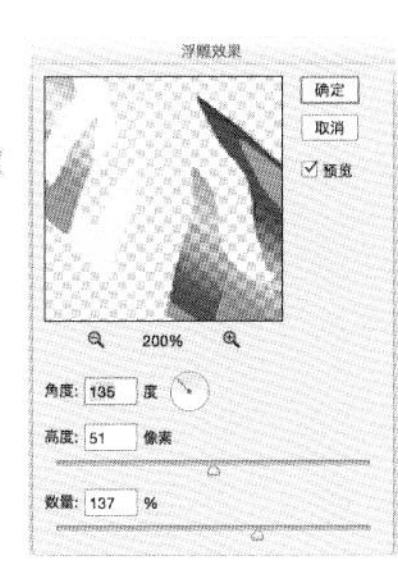

❺将太阳镜的图层调整到“背景 拷贝”的上方。

用“画笔预设”制作印花

“画笔预设”是预先定义了大小、形状、硬度等特性的画笔笔尖。“画笔笔尖形状”标签页里可以设置画笔的“直径”和“硬度”，倾斜的“角度”，能增加立体感的“圆度”“间距”。自定义的画笔设置可以添加保存。

❶“画笔预设”

❶ 点击图标后显示“画笔预设”。

❷ 点击“画笔笔头形状”图标。

❸控制“直径”可以改变笔尖大小。拖动滑标或者直接输入数值。

❹勾选“画笔笔头形状”的“间距”，拖动滑标或是输入数值保证不会重叠。

※画笔样本里选择特定的形状，调整间距后，即可画出花边或是蕾丝之类的衣边装饰。

❺点击“画笔预设”面板的右上▼标志，可以读取画笔文件添加进来。

❻在显示的对话框里点击“确定”替换现有列表，或是点击“追加”按钮，添加到现有的列表。

❶点击图标调出“画笔预设”

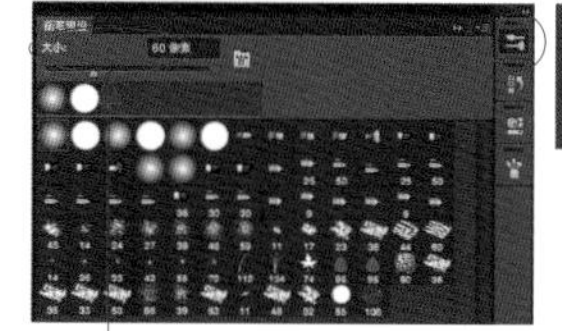

❷调出“画笔笔尖形状”

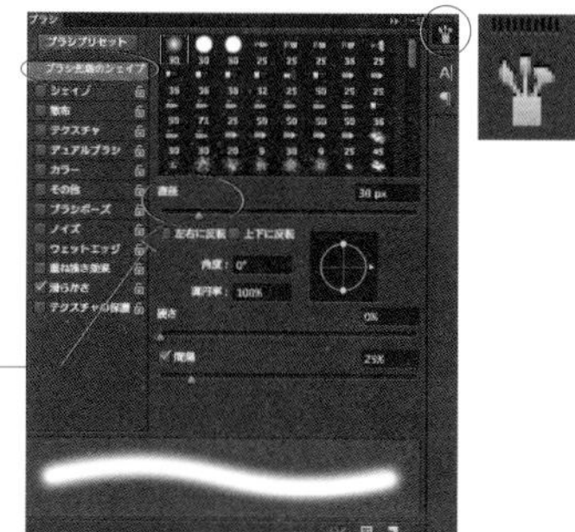

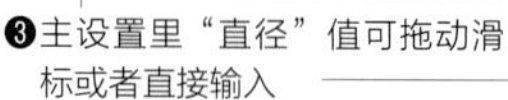

❸主设置里“直径”值可拖动滑标或者直接输入

❹勾选“间隔”，用数值或是拖动鼠标来自由地改变间隔

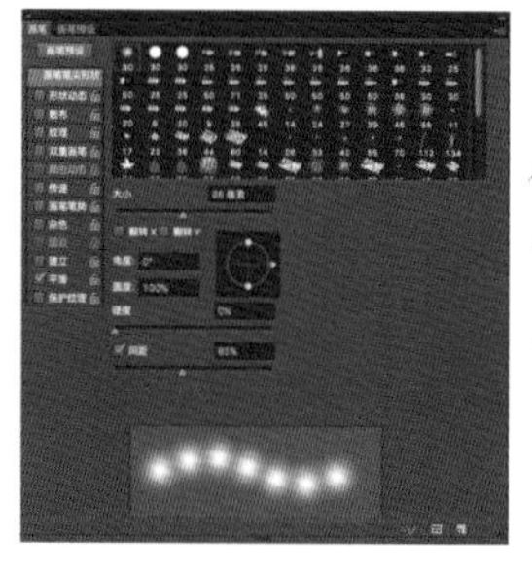

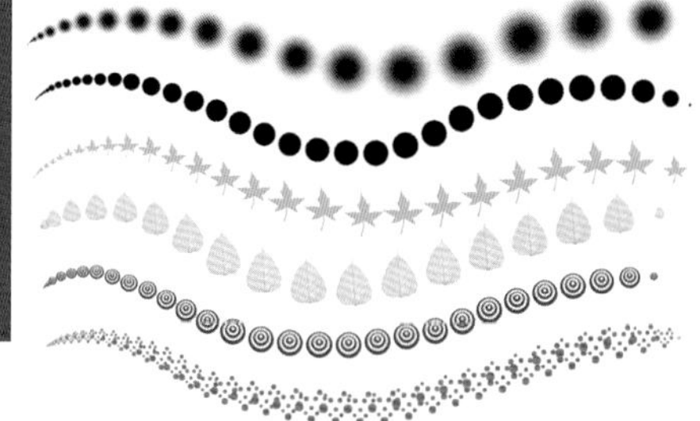

❺新画笔的读取

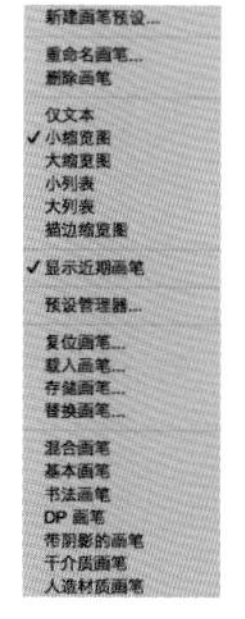

❻点击“追加”添加新画笔

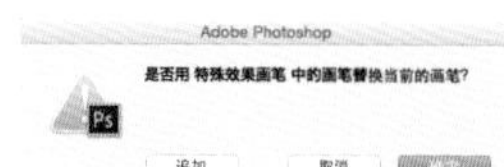

❷画笔功能扩展

❶在“画笔”面板上备有各种选项，可以将预设的笔尖添加变化要素。

❷勾选“形状动态”，在“控制”里的“渐隐”添加数值，就能使画作自然地褪色效果。其他还有“散布”和“颜色动态”等等，大家可以尝试一下各式各样的画笔功能。

❶“画笔笔尖形状”的选项

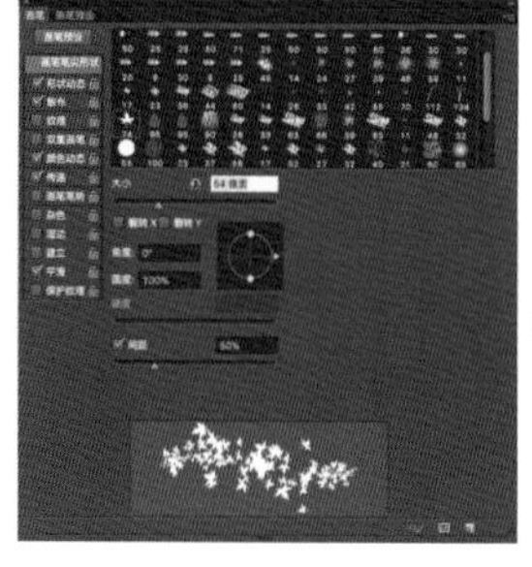

❷“渐隐”

❸用“渐隐”制作拼块花纹

❶菜单栏“文件”里选择“打开”，打开“画笔模特1”。

❷设置“形状动态→控制：渐隐”的值,在“颜色动态”中勾选“应用于每笔尖”,设置“大小抖动”值。

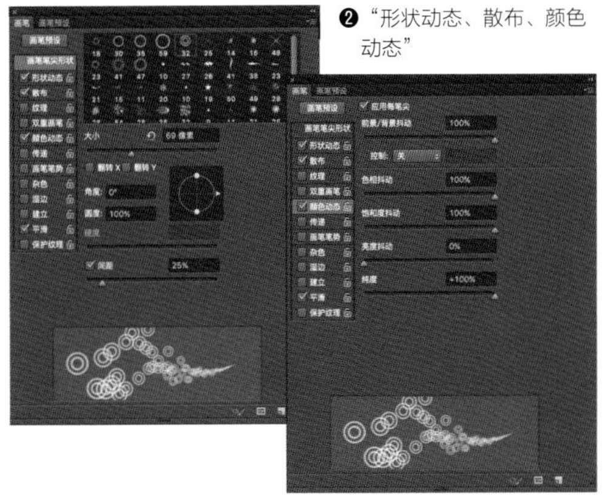

❷“形状动态、散布、颜色动态”

❸用“魔棒”工具在“背景”里选择吊带部分，在“图层1”里绘制。

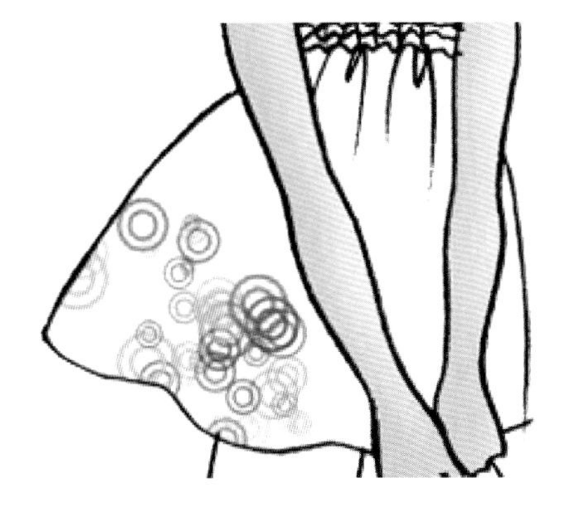

❹从下向上画即可用渐隐效果来表现出拼块花纹。

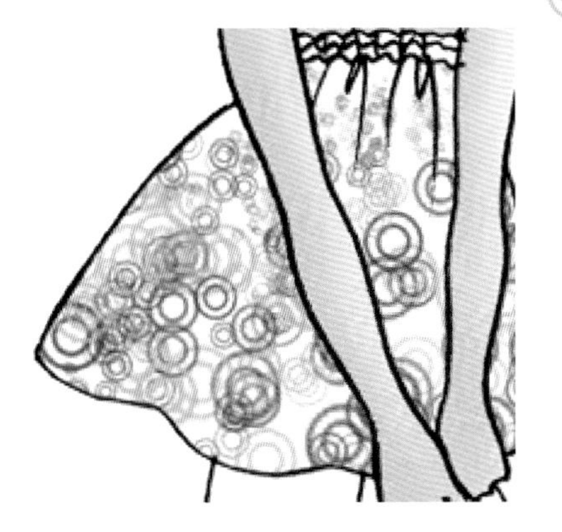

❶打开

用“图层蒙版”进行遮盖

“图层蒙版”是在不删除图层图像的同时，能针对图层的局部进行临时透明化或半透明化的一种特殊遮罩。在决定一些大的印花花纹等的位置时，可以将不需要的部分进行遮罩后再改变印花花样的位置，或者删除渐变。因为并不是真的进行抠图，可以重复做多次，因此可以轻松地改变设计。

❶用图层蒙版自由变换花纹位置

❶在菜单栏“文件”选择“打开”，打开“图层蒙版模特1”和“印花”文件。

❷用“移动工具”将“印花”拖拽移动至“图层蒙版模特”。

❸将移动过来的“图层1”的“不透明度”数值调低，或者将图层混合模式改为“正片叠底”，这样能看清“背景”中的设计线条。

❹选中“背景”图层。

❺用“魔棒”工具点击印花中想显示的部分，创建选区。

❻选中带有蒙版的图层。

❼点击“添加矢量蒙版”按钮。
※另一种方法是在菜单栏选择“图层→图层蒙版→显示选区”的方法。但是，无法针对“背景”图层添加蒙版。

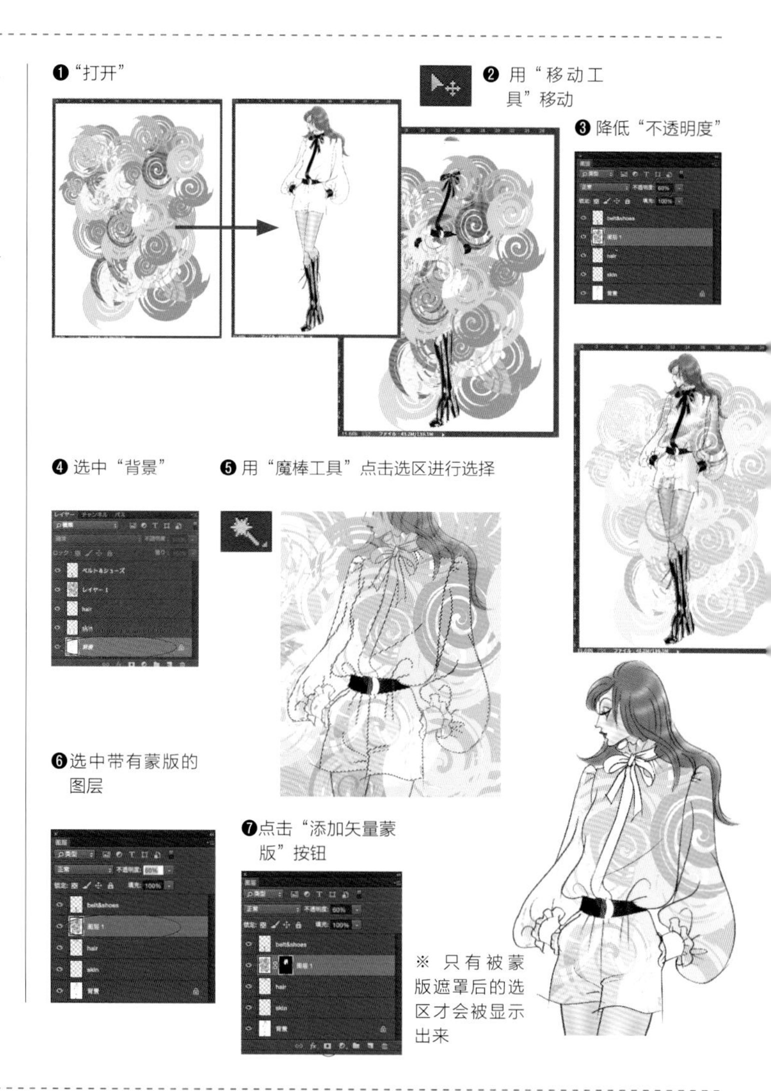

❷解除链接

图像上看起来衬衣和短裤的形状已经被抠出来，但是花纹还保持着原来的形状，因此要进行移动、变形。

❶点击链接图标解除“链接”，点击选择“图层缩览图”。

❶解除“链接”后选择“图层缩览图”

※“链接”图标

图层 1

※“图层缩览图”

❸自由移动花纹位置

❶将不透明度调回100%，一边看图像一边用“移动”工具移动到印花的“图层1”。

❷用“图层缩览图”可以自由地改变色彩，以及进行缩放、变换、添加填充等变动。

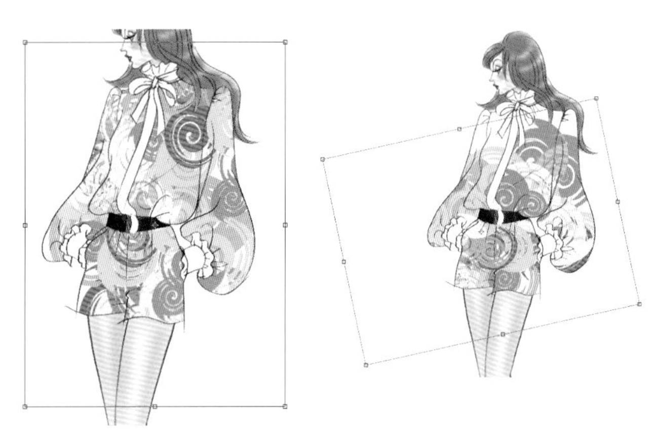

❸创建一个新图层，把混合模式设定成“叠加”，加上阴影后完成。

❹图层蒙版的删除和应用

❶将“图层缩览图”拖拽到“删除图层”按钮处。点选“删除”则退回原图像，点选“应用”则变成使用蒙版抠图的状态。

❶将“图层缩览图”拖拽到“删除图层”

❷ 点选“删除”退回原图像

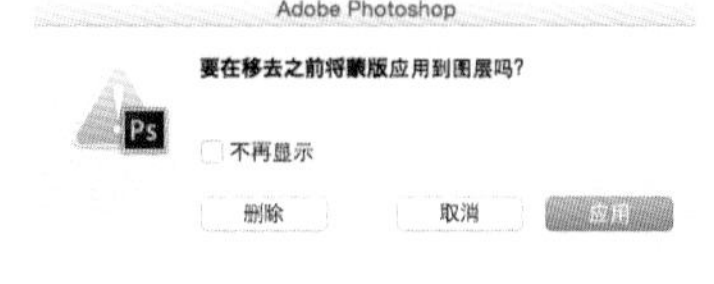

用“定义图案”制作连续花纹

❶连续花纹的做法

❶从菜单栏“文件”处选择“新建”，创建一个新文件。
◆文件大小/宽度4厘米×高度4厘米

❷选择菜单栏“视图→标尺”。

❸将光标移到标尺处，往下拖拽，即可拉出参考线。

❹一边确认标尺一边拉参考线，每隔一厘米绘制一条。

❺沿着参考线用“画笔”工具画水珠。

❻用“矩形选框”工具设定选区。

❼菜单栏选择“编辑→定义图案”新创建一个图案。

❽创建10厘米×10厘米的新建文件。

❾菜单栏选择“编辑→填充”，从“自定义图案”中选择刚才创建的图案。
※因为是根据选区创建图案的连续花纹，因此要注意间距。

❿如果将“选区”从中心部分错开，则会以断开部分形成连续花纹。

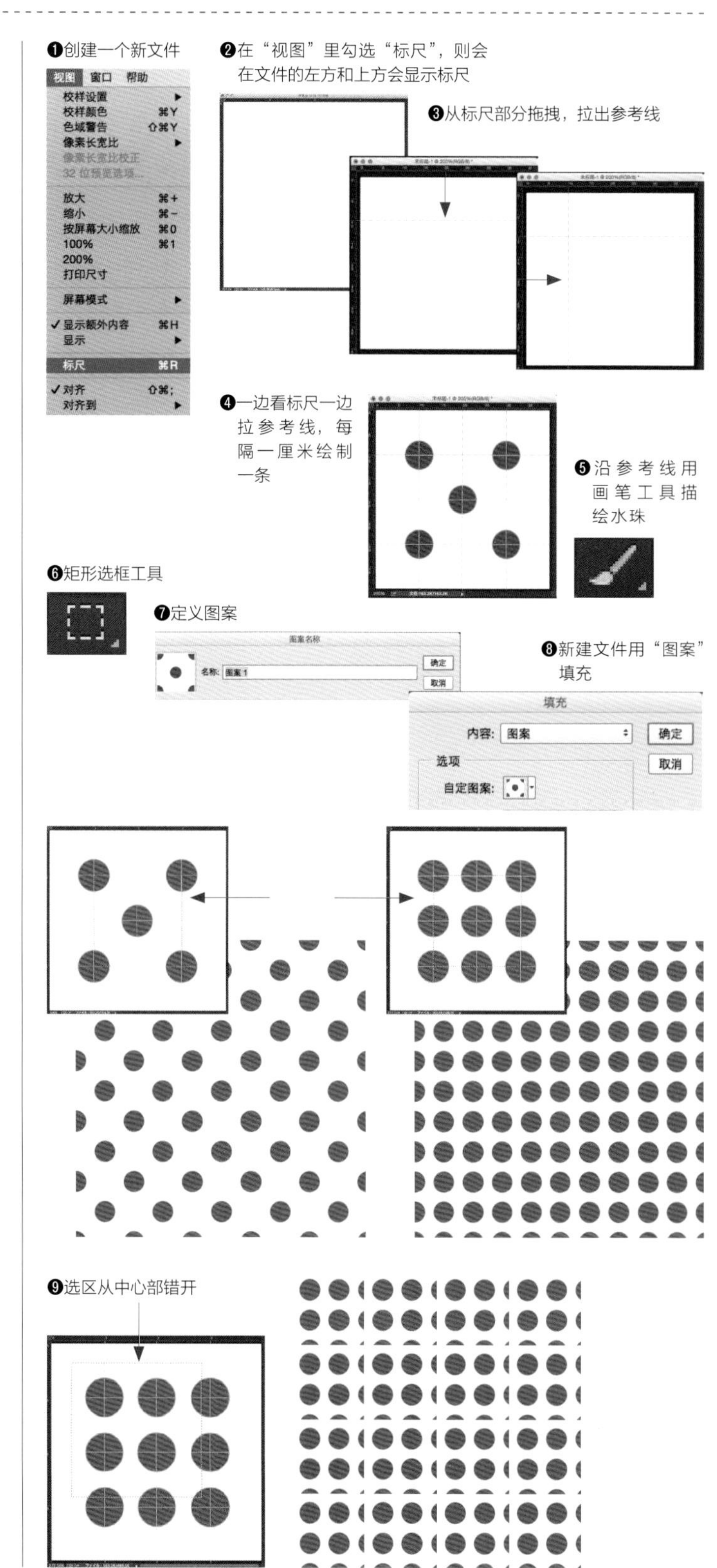

❶创建一个新文件

❷在“视图”里勾选“标尺”，则会在文件的左方和上方会显示标尺

❸从标尺部分拖拽，拉出参考线

❹一边看标尺一边拉参考线，每隔一厘米绘制一条

❺沿参考线用画笔工具描绘水珠

❻矩形选框工具

❼定义图案

❽新建文件用“图案”填充

❾选区从中心部错开

❷拼贴到设计稿里

❶从“文件”“打开”里打开“定义图案模特1”。

❷新建一个图层，用“矩形选框工具”设定选区。

❸用“编辑→填充”填充事先定义好的图形。

❹回到“背景”图层，用“魔棒”工具点击选区。

❺在“快速蒙版模式”确认选区的同时进行选区操作。
※细微部分可以用画笔。

❻从菜单栏“选择”处选择“反选”。

❼回到“水珠”图层，用键盘的delete键删除。
注：需要确认目前选中的是哪个图层。

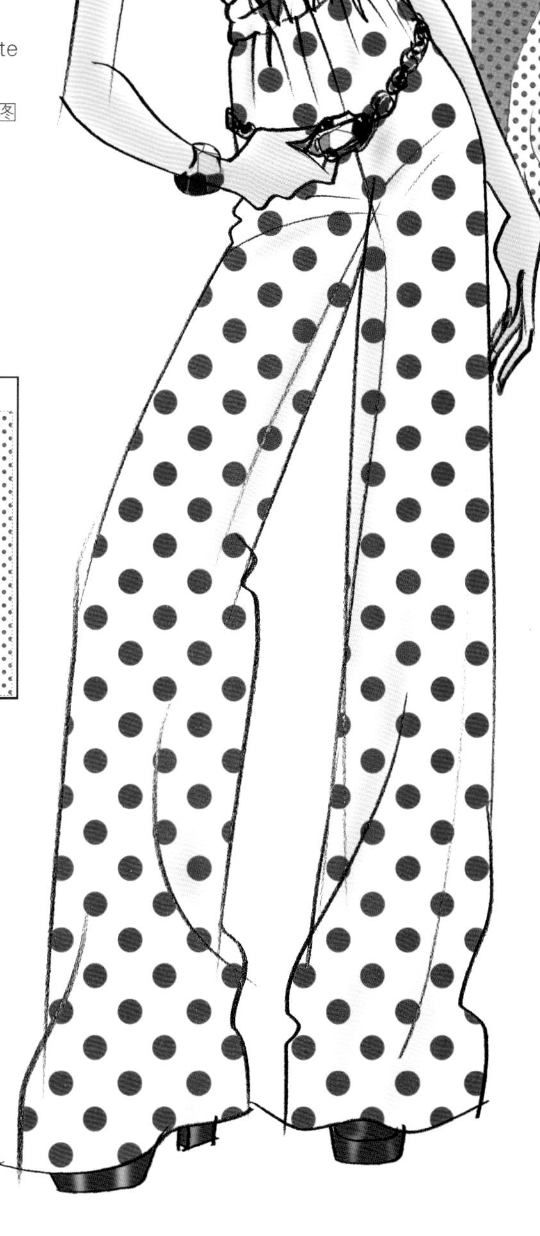

❶在新建图层里进行选区操作并填充

❷回到背景图层，用“魔棒”工具点击选择部分

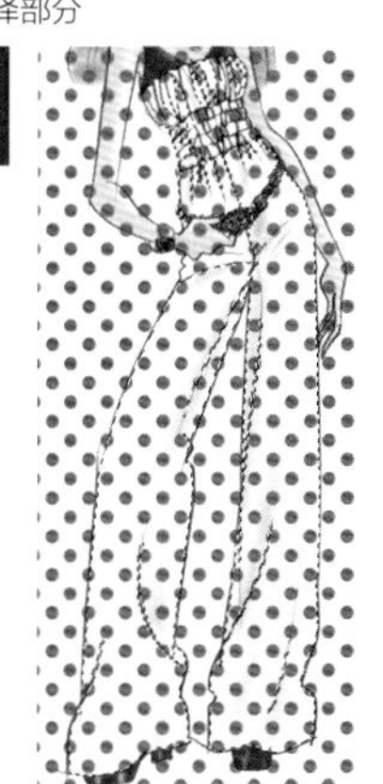

❸用“快速蒙版模式”确认选区

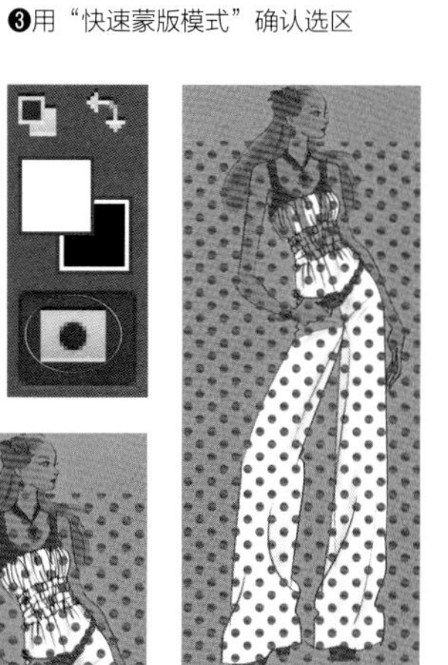

❹对选区进行反选处理

选择 滤镜 3D 视图
全部 ⌘A
取消选择 ⌘D
重新选择 ⇧⌘D
反选 ⇧⌘I

❺删除反选部分

用“图层样式”增加特殊效果

使用“图层样式”，只要一次点击即可在图像上增添各种各样的特殊效果，而且，通过组合各种样式，还可以设定凹凸、纺织纹样的图像效果。在“图层样式”里备有十种样式，比如带阴影，具有浮起效果的“投影”、“纹理效果”等。

❶一次点击，自由变换

❶从菜单栏“文件”中选择“打开”，打开“图层样式模特”。

❷选中“图层1”。

❸点击图层面板的“添加图层样式”按钮，出现图层样式面板。

❹点击在“图层样式”对话框里“渐变叠加”的“渐变”，调出“渐变编辑器”。

❺在“渐变编辑器”的预设是从选择时的“前景色”到“背景色”填充，因此通过选择其中的按钮来决定。

- ◆渐变名“前景色到背景色渐变”
- ◆渐变名“色谱”
- ◆渐变名“紫、绿、橙渐变”
- ◆渐变名“黄、紫、橙、蓝渐变”

❻“添加图层样式”后就会在图层面板上显示出效果。

※点击“图层”右边的▲按钮，“效果”部分会被收起，再次点击即可显示出来。

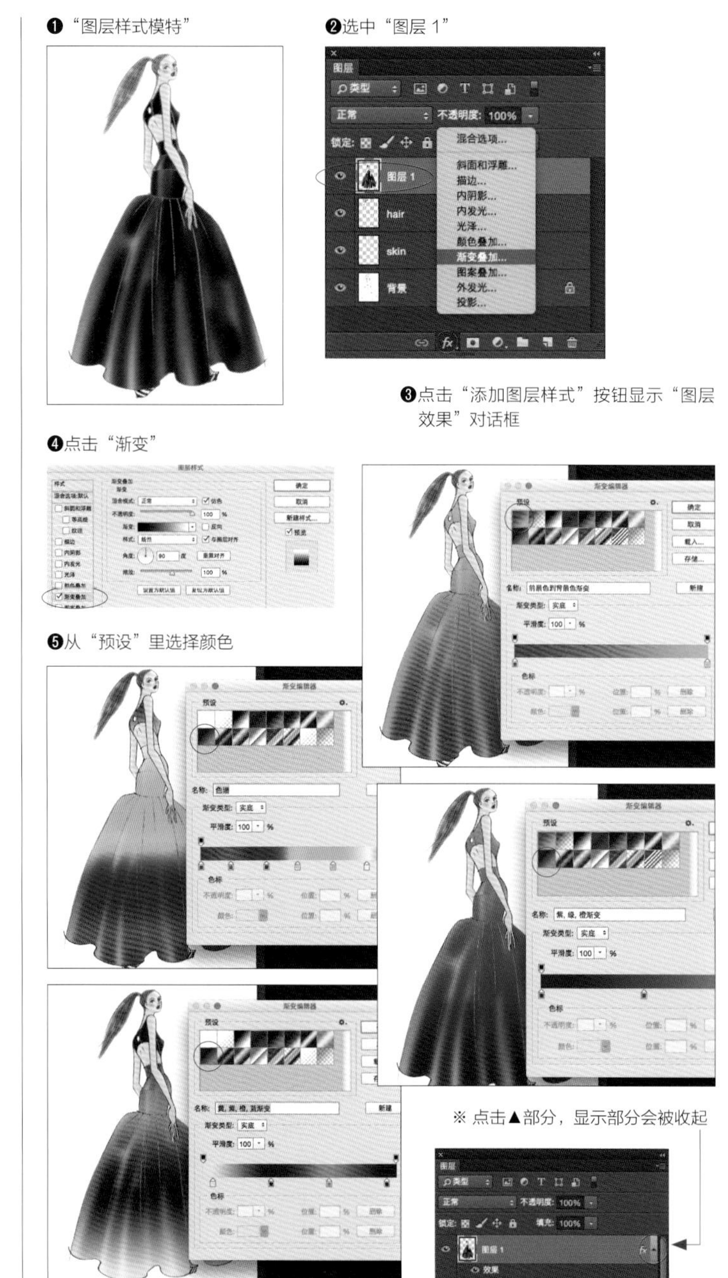

❶“图层样式模特”

❷选中“图层1”

❸点击“添加图层样式”按钮显示“图层效果”对话框

❹点击“渐变”

❺从“预设”里选择颜色

※ 点击▲部分，显示部分会被收起

❻在图层面板里“效果”显示成“眼睛”图标

❷加入新渐变

❶用“预设”可以替换或增加各种各样的渐变。
※点击右上角的图标，选择新建的渐变，就会显示到对话框里。

❷可以选择是替换掉已选的渐变还是追加进现在的渐变。

❸从新追加的渐变里选择“色谱”。

❹可以随意将制作的渐变作为新渐变加到预设里。
①点击色标
②点击“颜色”
③选择新颜色

❺各个色标的颜色可以随意更改。

❶点击图标，显示对话框

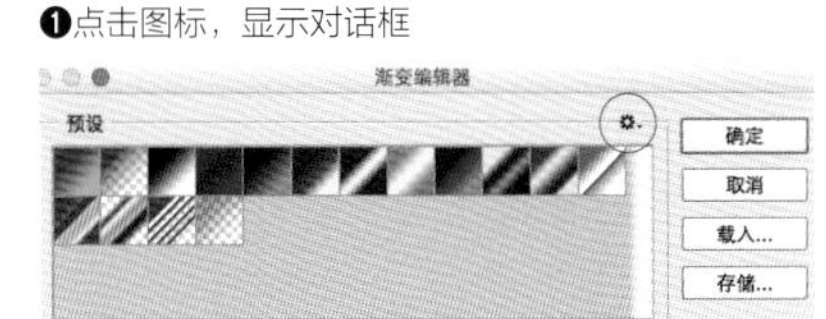

❷加入“协调色 1”

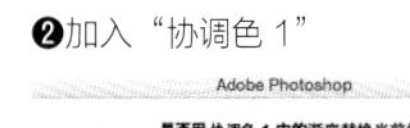

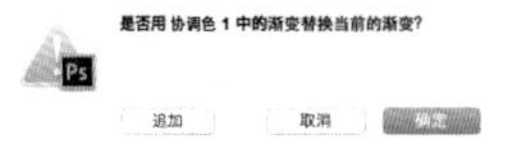

❸点击“色谱”

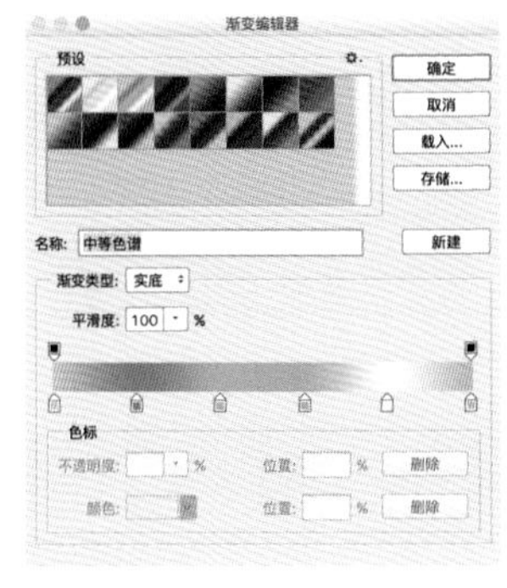

※ 根据自己的需要自由地改变渐变

❹将“新渐变”添加到“预设”里

点击“新建”

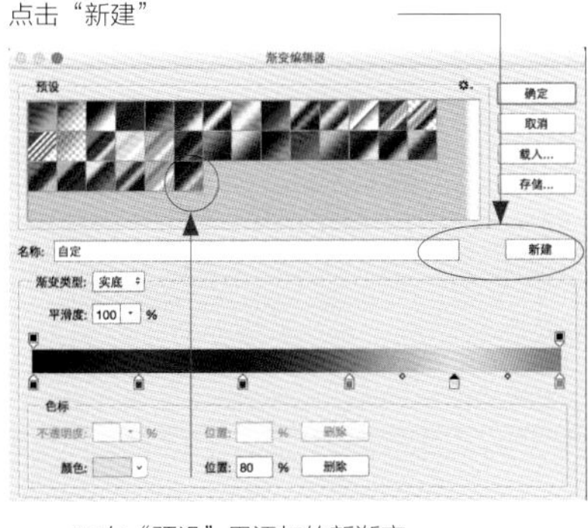

※ 在“预设”里添加的新渐变

❺各个色标的颜色可以随意更改

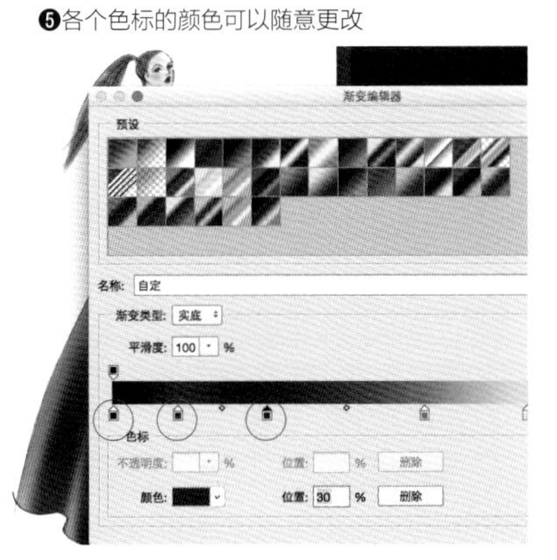

❸添加纹理

❶在“图层样式”里勾选“斜面和浮雕”。

❷选中“纹理”，从“图案”里挑选，调整缩放和深度。

制作企划书效果图

不一样的主题，不一样的风韵。
“Amusement Park”（游乐园），
这个主题你会想到什么？
随性简单，青春甜美，还是冷艳魅惑？
看看郑贞子老师为你提供了什么素材吧，
扫码免费下载。

在“企划模特”图层变换颜色

❶完成设计图稿

❶在菜单栏“文件”选择“打开”，打开“企划模特”文件。

❷确认企划模特所在的图层。

❸在菜单栏“文件”选择“打开”，打开“横纹”文件。

❹用“移动”工具将“横纹”拖动到“企划模特”上。

❺将“图层1”的混合模式改为“正片叠底”，从菜单栏选择“编辑→变换→扭曲”。

❻拖拽控制点，将T恤加以变形。

❼再次选择“编辑→变换→变形”，配合线条立体地进行变形操作，点击选项栏的确定“√”加以确定。

❽选中“背景”，选择“魔棒”工具，点击T恤的部分加以选择。

❾选中“图层1”，选择“选择→反选”。

❿按键盘的delete键，删除选区以外的部分。

⓫再次打开“横纹”文件，对袖子部分也进行变换操作，完成后将图层与“图层1”合并，并重命名为“红色横纹”。

⓬创建“红色横纹”的拷贝，选择菜单栏的“图像→调整→色相/饱和度”。

⓭滑动“色相”的滑块，改变颜色。

⓮复制一个图层的拷贝，创建一个颜色变体。

❶打开“企划模特”

❷确认图层

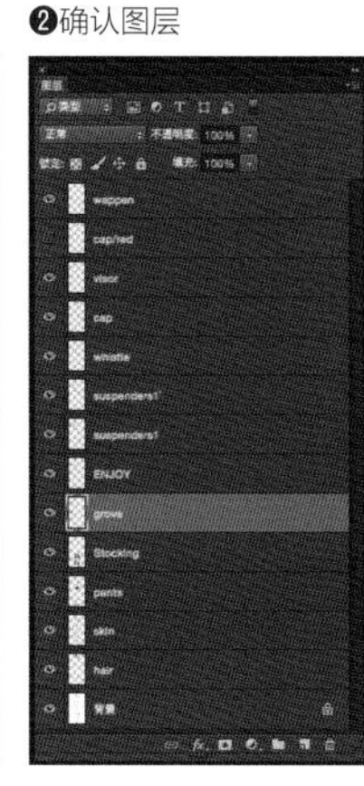

❸打开“横纹”

❹用“移动”工具将横纹拖拽到计划模特上

❺编辑→变换→扭曲

❻拖拽控制点进行变形

❼选“变形”之后点√确定

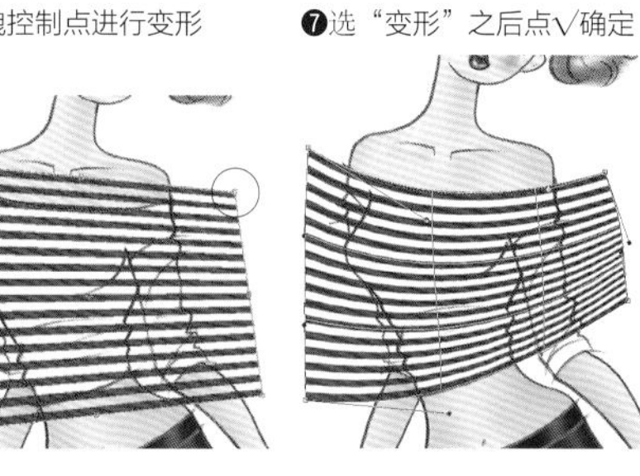

❽选中“背景”，用“魔棒”工具选择

❾ 选中“图层 1”进行“选择→反选”

❿ 用 delete 键删除

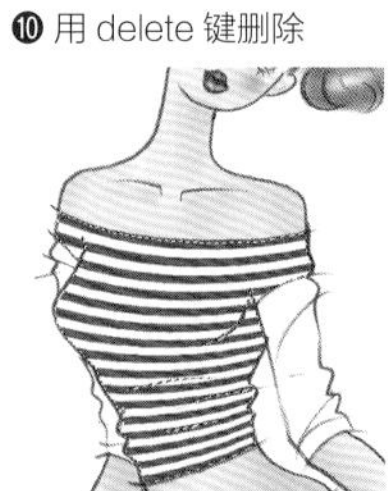

⓫ 袖子部分也采用同样地设计步骤，完成后与“图层 1”合并

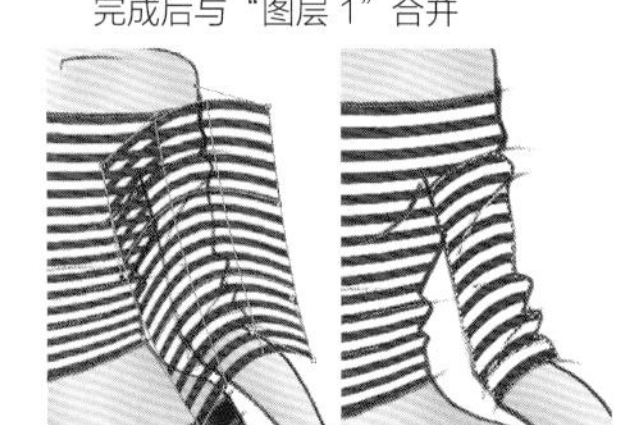

⓬ 对“图层 1”重命名，创建一个拷贝

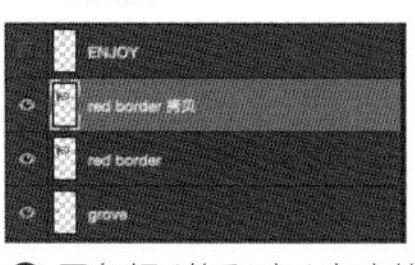

⓭ 用色相 / 饱和度 / 亮度的滑块或者输入数值以变换颜色

⓮ 复制一个拷贝，创建出一个颜色变体

❷ 用“吸管”工具处理成相同颜色

❶创建“帽子/红 图层”的拷贝，用“吸管”工具吸取“黄色横纹”的颜色作为前景色。

❷在“色相/饱和度”对话框里勾选“单色”选项后，即会显示出前景色的色相。将饱和度调至100，并调整明度。

❸复制这个拷贝，制做一个颜色变体。

❹点击“历史记录”面板的“从当前状态创建新文档”按钮，创建一个复制文件，将图像整合后，把每个变体版本分别命名保存起来，会很方便。

※原图像则需要保留图层进行保存。

❶ 制作“帽子 / 红”的拷贝，将“帽子 / 红”设置成不可见

※ 用“吸管”工具点击后，吸管尖吸取的颜色就会成为“前景色”

※ 吸管显示出“前景色”

❷勾选“单色”选项之后调整饱和度和明度

❸复制拷贝后，创建其他颜色的变体版本

❹点击“从当前状态创建新文档”按钮，创建复制文件并重命名

制作企划效果图

为了传达设计师的意象和设计理念，富有魅力的效果图制作不可或缺。完成效果图的要点在于要发现符合其理念的方式。这里我们来尝试制作一份实际能用在项目演示里的企划效果图。看上去似乎很难，但只要有效地运用迄今为止使用过的技巧就能完成。

❶抠图

❶菜单栏“文件”处选择“打开”，打开“企画模特”。

❷通过点击图层“不可见”“可见”按钮来确认横纹、帽子的颜色和背带等。

❸点击“历史记录”面板的“从当前状态创建新文档”按钮，创建复制状态的文档，将图像合并。

❹点击“背景”，在跳出的对话框里选“确定”，生成“图层0”。

❺用“魔棒”工具选择人物以外的背景，用delete键删除。

※效果图里的图像需要一个一个地分别准备。如果分辨率不同，需要进行统一。分别将各个图片改变颜色。先做好抠图等工作。

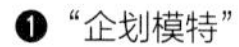

❶“企划模特”

❷确认图层“可见”按钮

❸从“历史记录”面板里创建复制状态文档，合并图像

❹点击背景，形成图层

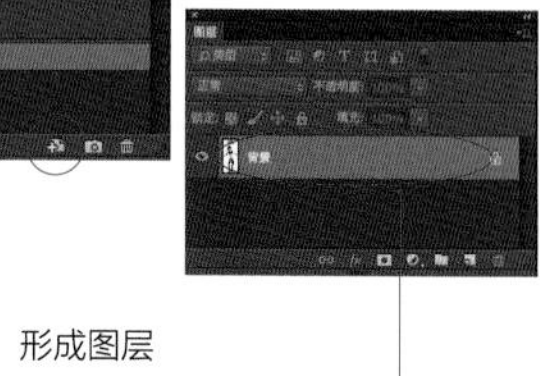

※因为“背景”无法生成透明网格，所以要转换成“图层”

❺用“魔棒”工具去除人物以外的背景，显示出透明网格

❷ 制作效果图

❶在菜单栏“文件”处选择“新建”，创建一个新文件。输入文件名字，大小为B4（364毫米×257毫米），分辨率为150像素/英寸，颜色模式是RGB颜色，背景内容设定为白色。

❷创建一个新图层。

❸选择“渐变”工具，从选项栏“颜色预设”里选择“色谱”。

❹从起点拖拽至终点，用线性渐变填充。

❺在图层面板调低“填充”。

※选项栏里有各种各样的“渐变样本”，每一个都会根据起点到终点的位置或长度而改变距离或角度。

❶ 创建一个新文件
◆输入“名称”
◆大小 /B4（364 毫米 ×257 毫米）
◆分辨率 /150 像素 / 英寸
◆颜色模式 / RGB 颜色
◆背景内容 / 白

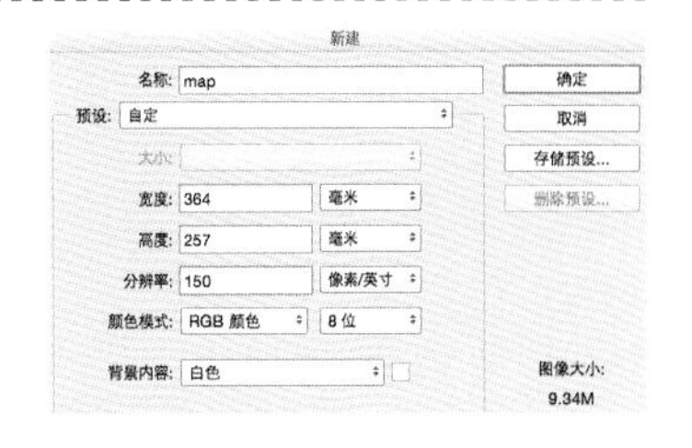

❷创建一个新图层

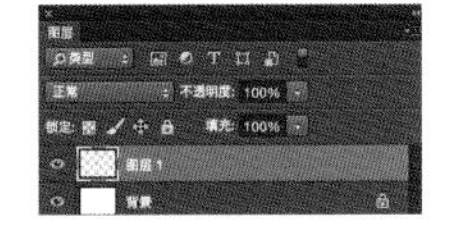

❸从“渐变工具”的预设处选择“色谱”

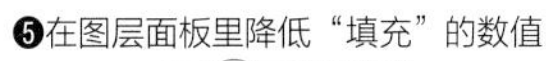

❹从上往下用拖拽填充

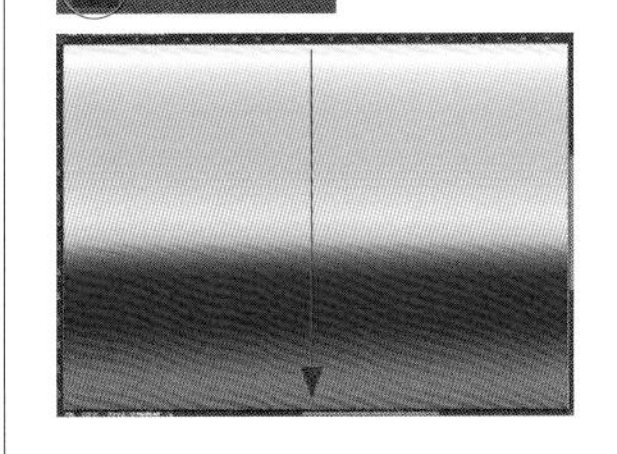

❺在图层面板里降低“填充”的数值

※“渐变”的选项

径向渐变

角度渐变

对称渐变

菱形渐变

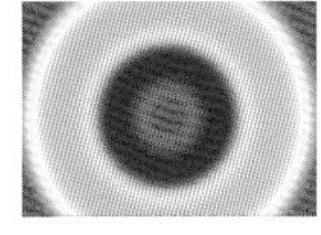

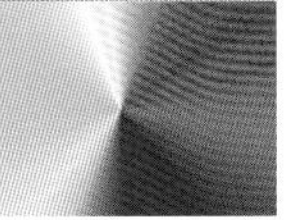

❸摆放模特

❶“文件”处选择“打开”,打开“红色横纹模特”文件。

❷用“移动”工具拖放到企划效果图里。

❸要从菜单栏处“编辑→变换→缩放”进行缩小操作，如果点击选项栏中“保持长宽比”的链接图标，输入缩小率的数值会更方便。

❹其他模特也同样，在打开、移动后，输入和刚才同样的数值，以同等比率缩小。

※各色横纹的模特已经预先做成一个图层并经过抠图处理了。

❶“红色横纹模特” ❷用“移动”工具拖拽移动

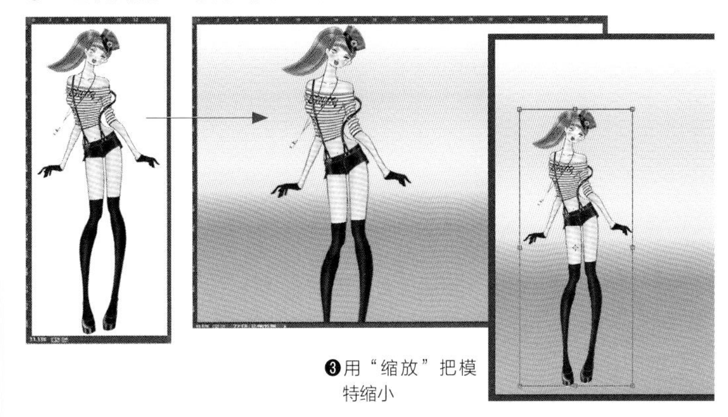

❸用“缩放”把模特缩小

❹其他模特也全部移动后缩小

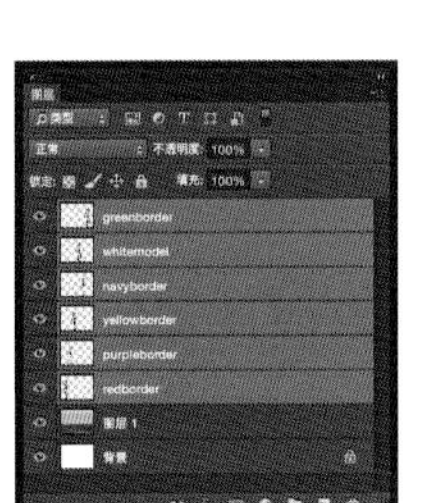

❹制作效果图

❶按下Shift键的同时选择，将横纹模特的图层全部选中，拖拽至“创建新图层”按钮，创建拷贝。

❷用“合并可见图层”将图层拷贝合并。合并后的图层名采用合并前最上层的图层名。

❸由于合并后的“拷贝”位于原图层上方，将其拖拽移动至“横纹模特”的下方。

❹菜单栏选择“编辑→变换→缩放”，拖动控制点，根据需要自由放大。

❺将放大之后“拷贝”的图层混合模式从“正常”变换至“滤色”。

※所谓“混合模式”是指，当存在多个图层时，可以指定以何种形式让上方图层的图像与其下方的图层进行混合。

※使用“混合模式”时的名称

应用“混合模式”图层的颜色被称为“混合色”，其下方紧接的图层叫做“基色”。另外，混合后得到的状态称为“结果色”。

❶拖拽至“创建新图层”

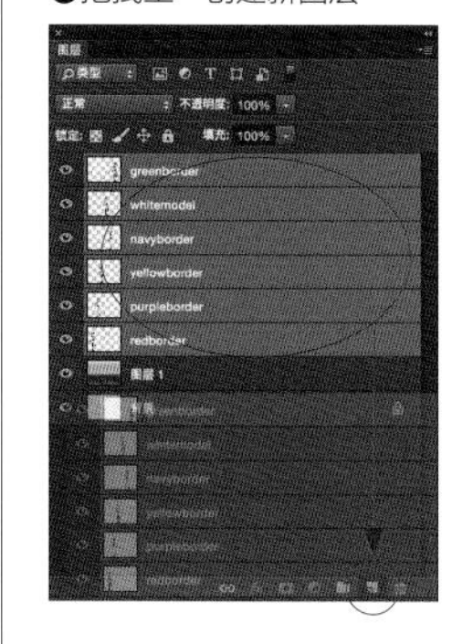

❷用“合并可见图层”合并拷贝

❸将合并后的拷贝拖拽移动至横纹模特的下方

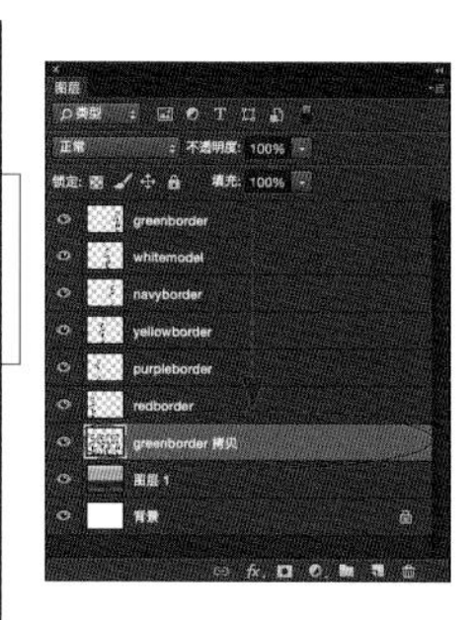

❹用“缩放”进行变形

❺ 更改“混合模式”

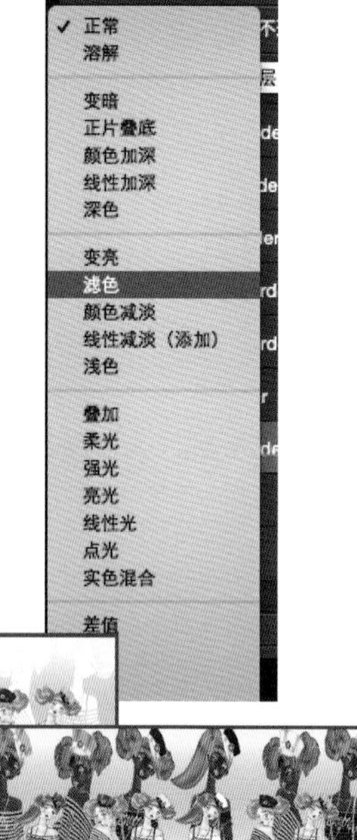

“正片叠底”

“亮光”

“差值”

“滤色”

❺用图层蒙版对照片进行模糊处理

❶从“文件”“打开”里打开“摩天轮”文件。

❷用“移动工具”拖放(Drag&Drop)至“效果图企划案”,放到复制拷贝后的“条纹的复制”上。

❸选择菜单栏“编辑→变换→扭曲”，拖动控制点，根据需要自由地放大。

❹点击“图层”面板的“添加蒙版”按钮，此时添加的是一个空白的图层蒙版。

❺将前景色调回默认颜色。

❻选择“渐变工具”的“线形渐变”。

❼从左向右拖拽。

※依照起点到终点的位置、长度、拖拽的角度都会改变蒙版的范围。要达到理想的效果，需要反复挑战。

※如果想删除图层蒙版，可通过菜单栏“图层→图层蒙版→删除”，或者将图层缩览图的蒙版部分拖到垃圾桶图标，在对话框中点击“应用”。

❶“摩天轮”

❷移至效果图企划案

❸拖动控制点，进行扭曲变形

❹点击“添加图层蒙版”按钮

❺点击按钮恢复成“默认前景色和背景色”

❻在“渐变工具”里选择“线性渐变”

❼从起点拖拽到终点

用“文字”工具创建标题

使用Photoshop可以简单地设计出标题字。在大量字体中选择合适的，逐步对字号、颜色、纹理等进行加工。

❶选择“横排文字工具”

❶从工具箱里选取“横排文字”工具在目的位置输入后，即会生成一个新的“文字图层”。

❷点击选项栏的√，或者单击“文字图层”确定。

❸确定后，点击选项栏“字体大小”的▼图标，选择字体大小。如果没有所需大小，可以直接输入数值。

❷选择字体种类并添加效果

❶点击选项栏"字体"的▼符号，选择所需字体。

❷不同种类字体的大小会有所变化，因此在选项栏里"字体大小"进行调节，选择"文本颜色"后点击"确定"按钮确定。

❸如果要更改一部分文字的大小或颜色，将须改部分用光标拖拽选中进行同样的操作即可。

❹从菜单栏的"编辑→变换→缩放"可以改变尺寸。

❺点击图层面板的"添加图层样式"按钮。

❻勾选"投影"与"斜面和浮雕"，再点击"图案叠加"选择"图案"种类。

※根据"投影"的角度、距离以及图案的比率等设置，效果和大小会有很大的变化。请根据目的尝试各种各样的效果。

❼更换"字体"，选择图层效果"描边"，指定"大小"和"位置"。

❽点击"渐变叠加"，选择渐变的种类，确定角度。

※在"自定义渐变"中保存的渐变，以及"定义图案"中保存的照片和图像等，都可以通过"图案叠加"进行有效利用。

❸只选择要更改的部分

❹编辑后变换

❺添加图层样式

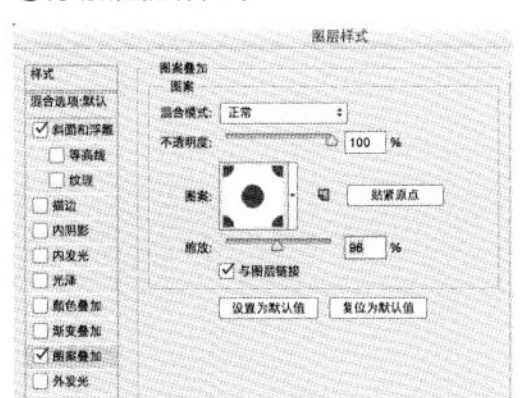

❻用"图案叠加"选择图案
※ 不透明度 / 96 · 缩放 / 25

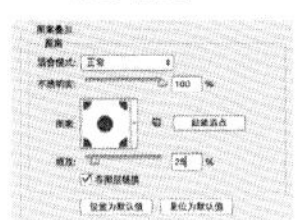

❼"描边"

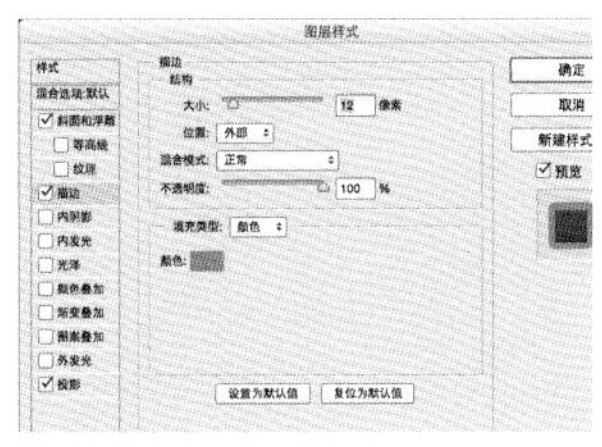

❽"渐变叠加"

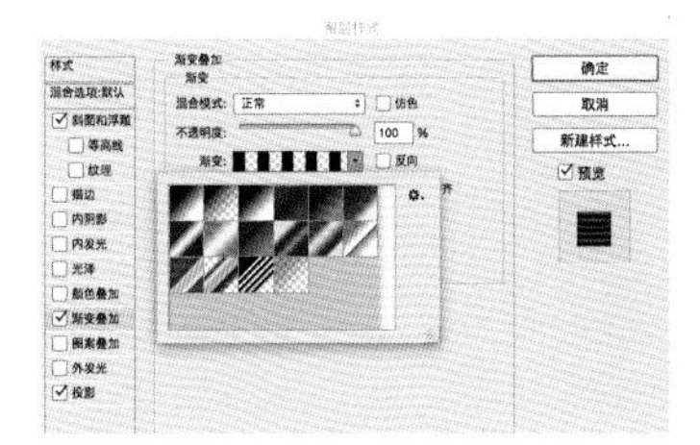

※ 角度 / 90

※ 角度 / 140

完成“企划案”

❶看整体版面进而完成

❶根据整体版面的平衡和位置，用“横排文字”工具键入标题“Amusement park”。

❷从“横排文字”工具的选项栏里选择“变形文字”，在对话框“样式”中选择“扇形”。

❸输入“圆弧”弯曲的数值，根据整体效果决定。

❹点击菜单栏“图层→图层样式→图层效果”或“添加图层样式”按钮，增加“图层效果”。

❺勾选“斜面和浮雕”、“描边”、“渐变叠加”。

❻“渐变叠加→渐变”处选择“色谱”。

❼调整“描边”的“大小”，点击“颜色”，用拾色器选择颜色。

❽点击图层的右上角▼按钮，选择“链接图层”将模特链接起来。

❾注意模特、背景、标题以及整体的位置，调整后完成。

※ 通过“链接”可以将模特同时移动。

❶用“横排文字工具”制作标题

Amusement park

❷选项中选择“创建文字变形”

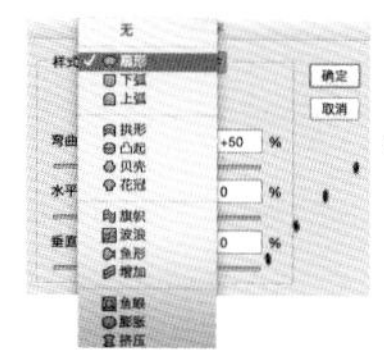

Amusement park

※ 曲线 : 57%

※ 曲线 : 26%

❸ 输入“扇形”里“弯曲”数值

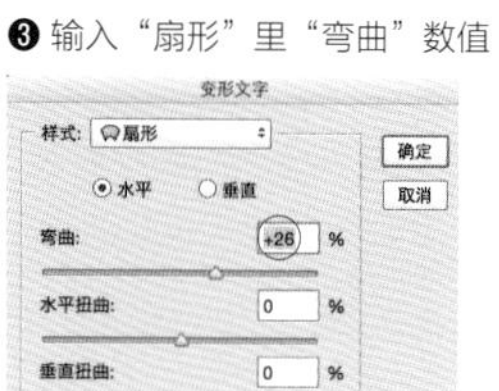

※ 根据整体版面确定弯曲数值

❹“添加图层样式” ❺“图层样式”

❻渐变叠加，选择“色谱”

Amusement park

❼ 调整“描边”

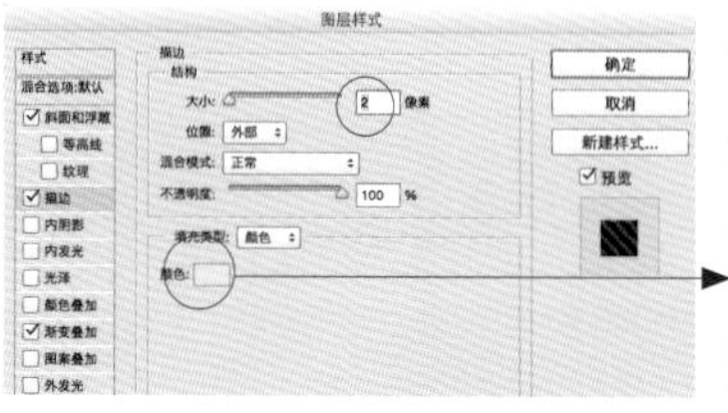

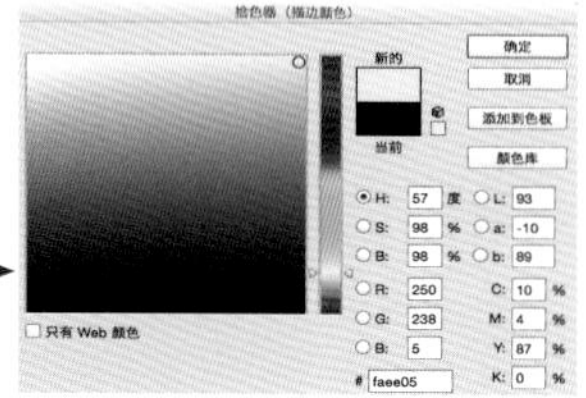

Amusement park

❽“链接图层”

❾调整整体版面

❷用“曲线”制作不同背景版本

❶“曲线”能以曲线形状调整图像的亮度和对比度。

“图像→调整→曲线”

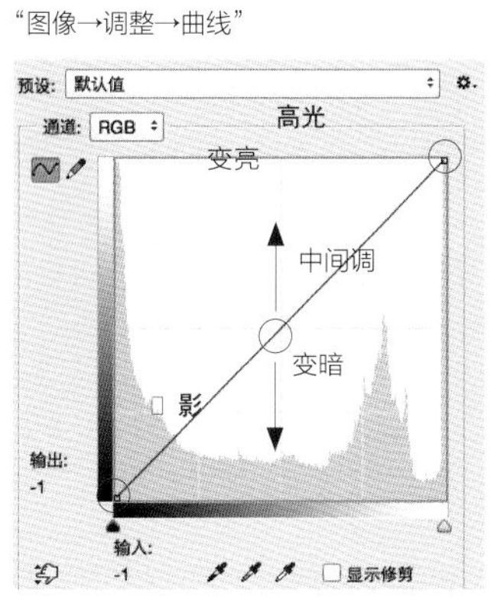

向上

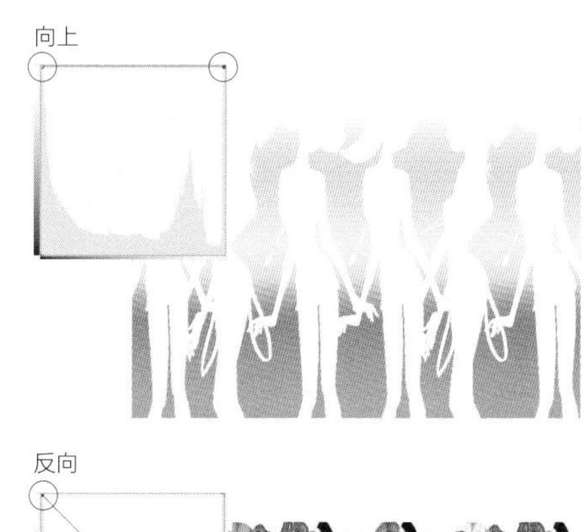

向下

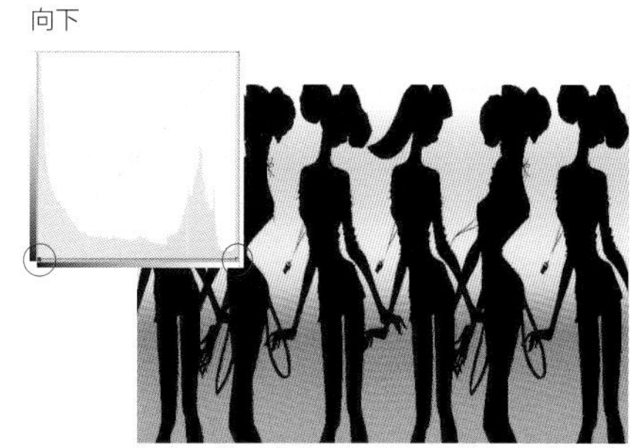

反向

用“铅笔”图标自由描绘曲线

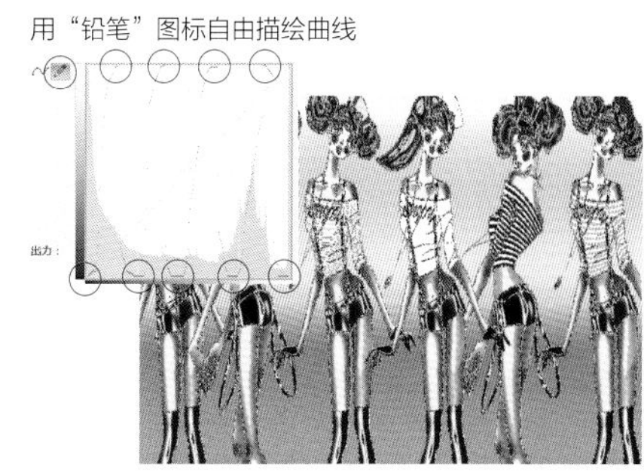

谢 辞

时装画以绘画作为基本手段，是时装之设计、广告、创意的基础，可以多元化地运用于时尚杂志、设计方案的演示及企划等时尚业务领域。这本书是为时装画初习者所撰的教程，我将绘画范式、案例与技法、审美、创作心理等结合，一些学生朋友绘制的作品也会作为示例呈现在本书中。

本书的出版得到了多方人士的协助，在此表示衷心感谢，并要特别感谢帮助我完成本书的Office K.T的土屋清子女士、L&T的李广鲁先生。

对于总是给我鼓励的F project的藤冈笃子女士、tk inc.的笠原敏郎先生、E-bis的后夷三千惠女士、Crest Custume的广田洋子女士以及神户艺术工科大学的见寺贞子教授表示感谢。

此外，还要感谢Newface的陆文平先生、荻迫千佳女士、守屋孝典先生、田口一子女士、田川信政先生、中村美和女士、小野顺子女士、成泽敏彦先生、泽森真弓女士、藤井笃先生、高田泉先生、渡边千佳子女士、青山巡女士、文静女士；还要感谢神户艺术工科大学、女子美术大学、MODE学园、ESPERANZA鞋类设计技术学院、ESMOD JAPON、Dressmaker学院、文化学园大学、中国设计专门学校、Vantan设计研究所、上田安子专门学校等学校的相关人员，特别是学生们允许我使用刊载他们的作品。我还要一并感谢造型师Izumi Takada、化妆师Mika Eguro、摄影师Chieko Kato、模特Mina Matsushita。

另外，还要向三菱丽阳，以及一如社、ist、伊藤忠、电通、博报堂、东丽、SUN PLANNING、日本色研事业、日本皮革产业联合会、大阪制造业务中心、台东区产业振兴集团等企业及集团的相关人员表示感谢。

最后，感谢能理解本书的意图并决定引进出版本书的上海文化社出版社，感谢尽心进行翻译工作的走走女士、刘庆先生、饶亦丰先生、朱皓清小姐、路斯淇先生、文静女士以及王越先生等等相关人士。

作　者　简　介　郑贞子（tei sadako）

毕业于京都河合玲设计研究所服装设计系。就职于河合玲研究所事业部编辑部，主要从事时尚情报的编辑工作。之后，任职于东京插画工坊“插画室KO”。现主理L&T插画工作室（1990年创立）、Crest Costume服装有限公司（2014年创立），为时尚杂志、潮流情报杂志、插画绘制研讨会以及各种企业的宣传广告等绘制插画。在从事策划和设计、时装画等业务的同时，在大学和专业学校任教，培养时尚插画人才。

主　要　著　作　《时尚插画基础与诀窍》（日本文化出版局）

《大家做了我也做》（日本文化出版局）

《时尚界可以如此活用Photoshop》（日本文化出版局）

《设计画Ⅱ》（东京MODE学园）

《打开时尚表达的世界Photoshop&Illustrator的活用术》（织研新闻社）

《快乐学习时尚画技法》（织研新闻社）

图书在版编目(CIP)数据

日本顶级时装画课：从基础到进阶 /（日）郑贞子著；走走译. —上海：上海文化出版社，2018.8
ISBN 978-7-5535-1200-6

Ⅰ.①日… Ⅱ.①郑… ②走… Ⅲ.①时装-绘画技法-教材 Ⅳ.①TS941.28

中国版本图书馆CIP数据核字(2018)第093151号

著作权登记号图字：09—2017—1049号

出 版 人　姜逸青
策　　划　陆文平　后夷三千惠
责任编辑　赵光敏　顾杏娣
装帧设计　土屋清子
设计制作　汤　靖

书　　名　日本顶级时装画课：从基础到进阶
作　　者　（日）郑贞子
出　　版　上海世纪出版集团 上海文化出版社
地　　址　上海市绍兴路7号 200020
发　　行　上海文艺出版社发行中心
　　　　　上海市绍兴路50号 200020 www.ewen.co
印　　刷　浙江海虹彩色印务有限公司
开　　本　787×1092 1/16
印　　张　12
印　　次　2018年8月第一版 2018年8月第一次印刷
国际书号　ISBN 978-7-5535-1200-6/TS.046
定　　价　68.00元

告 读 者　如发现本书有质量问题请与印刷厂质量科联系
电　　话　0571-85099218